U0348087

北京家庭农场发展研究

◎ 汪海燕 著

中国农业科学技术出版社

图书在版编目（CIP）数据

北京家庭农场发展研究 / 汪海燕著 . -- 北京：中国
农业科学技术出版社，2021.9
ISBN 978 - 7 - 5116 - 5482 - 3

Ⅰ . ①北…　Ⅱ . ①汪…　Ⅲ . ①家庭农场—农业经济
发展—研究—北京　Ⅳ . ① F324.1

中国版本图书馆 CIP 数据核字（2021）第 183149 号

责任编辑　白姗姗
责任校对　贾海霞
责任印制　姜义伟　王思文

出 版 者	中国农业科学技术出版社
	北京市中关村南大街 12 号　邮编：100081
电　　话	（010）82106638（编辑室）　（010）82109702（发行部）
	（010）82109709（读者服务部）
传　　真	（010）82106650
网　　址	http://www.castp.cn
经 销 者	各地新华书店
印 刷 者	北京建宏印刷有限公司
开　　本	185 mm×260 mm　1/16
印　　张	11.5
字　　数	212 千字
版　　次	2021 年 9 月第 1 版　2021 年 9 月第 1 次印刷
定　　价	68.00 元

前　言

　　"家庭农场"作为新型农业经营主体，于 2013 年首次出现在中央一号文件中，是实现农业适度规模经营的一种有效方式，有利于解决目前中国农业家庭承包经营低、小、散的问题，激发农业生产活力。笔者对北京家庭农场的研究源于 2015 年主持的北京市人文社科研究基金项目，北京作为全国的"四个中心"，因为农业产值比重小、土地规模小等特殊情况，家庭农场的发展具有其自身特点。

　　家庭农场作为一个起源于欧美的舶来名词，国外在理论研究和实践探索上都有一些较成功的经验，国内在一些理论研究基础上进行了积极的探索，形成了一些典型的发展模式，如上海松江模式、浙江宁波模式、安徽郎溪模式等。北京自 2014 年以来，全市开展了家庭农场试点工作，选定通州区漷县镇黄厂铺村 8 户农户作为家庭农场培育试点单位，经过几年的试点虽然取得了一些成绩，但也发现了一些问题，出现了北京是否适合发展家庭农场的疑问。为了更加客观、公正地做出判断，笔者通过比较国外、国内家庭农场的成功案例，实地调研安徽、北京家庭农场的发展情况，发现家庭农场产生和发展有其内在规律性，并基于北京的现实情况，提出了北京家庭农场的发展模式。

　　本书在完成过程中，曾得到北京市农委生态建设处调研员夏胜银，中国农业大学许惠渊教授，北京农学院杨为民教授，北京农业职业学院马俊哲教授、朱京燕教授、王弢副教授、车红莉副教授等同志的帮助，感谢他们提出了中肯的意见和修改建议，使本书能够更加符合北京家庭农场发展的实际。在本书付诸出版之时，再次对上述有关人员所给予的支持和帮助表示衷心的感谢。

　　由于北京的家庭农场还处于试点阶段，发展成熟还需要经历一段较长时间，因此研究过程中北京家庭农场的样本量不够大，本书的观点可能存在不够全面的地方，请读者指正和包涵。

汪海燕

2021 年 6 月

目　　录

第一章

家庭农场概述与理论基础

第一节　家庭农场的内涵及特征

一、家庭农场的内涵

家庭农场，一个起源于欧美的舶来名词，作为一种新型农业经营主体，在我国虽然起步较晚，但发展很快。为了正确认知家庭农场，许多学者主要从经营方式、经营主体和组成要素等方面来界定其内涵（表1-1），2014年2月14日，农业部印发《关于促进家庭农场发展的指导意见》（农经发〔2014〕1号）（以下简称《意见》）。《意见》指出，家庭农场是以家庭成员为主要劳动力，从事农业规模化、集约化、商品化生产经营，并以农业收入为家庭主要收入来源的新型农业经营主体。

表1-1　家庭农场内涵的界定

类型	研究者（年份）	内涵
经营方式	房慧玲（1999）	适应现有生产力水平与市场要求进行专业化生产，进而形成适度规模经营的农业种养的农户企业
	朱博文（2005）	是我国农地经营体制创新而实现适度规模经营的一种新型经济组织形式
	胡华山等（2017）	自行解决利润、市场等问题，实行自我发展、自主经营、自负盈亏的发展模式
经营主体	黎东升等（2000）	以利润最大化为目标，实行自主经营、自我积累、自我发展、自负盈亏和科学管理的企业化经济实体
	蒋辉（2008）	以现代化技术、规模化经营、企业化管理为组织特征的一种现代农业经营主体
	郝志远（2017）	以农业收入为家庭主要收入来源，具有法人资格的新型农业生产经营主体
要素组成	高强等（2013）	融合科技、信息、农业机械、金融等现代生产因素和现代经营理念的新型微观经济组织
	金秉荣等（2017）	讲好乡村"故事"，用活先进"手段"，构建多层次的产品体系，完善多元化的营销网络
	时琨杰等（2017）	以家庭成员为主要劳动力进行规模化耕种的一种农产品经营模式

引用资料：易朝辉，段海霞，兰勇.我国家庭农场研究综述与展望[J].农业经济，2019（1）：15–17.

二、家庭农场的特征

许多学者对家庭农场进行了大量研究，从国外家庭农场的发展经验到国内家庭农场的发展对策，从农业几种规模化经营形式的比较到家庭农场的优越性分析，虽然对家庭农场的界定不完全一致，但基本上都认为家庭农场具有如下基本特征：一是以家庭为基本单位；二是土地的规模化经营；三是商品化经营，即不以满足自给需求为目的。

随着人民生活水平的提高和都市农业的发展，农业的功能发生了重大改变，不仅为人们提供生活所必需的农产品，还承担着生态、观光休闲、农事体验等功能。现代农业技术水平大大提高，出现了设施农业、观光农业、高科技农业等形式，逐渐从传统农业向现代农业转变。家庭农场作为农业生产经营的重要载体，随着农业功能的转变，它与传统的家庭农场显著不同。传统的家庭农场以单一的农业生产为主，以农产品产量提高和农产品销售为目标，围绕第一产业采用现代生产技术，提高农业的经济功能。新时期家庭农场的内涵应该是结合都市农业的发展要求，以家庭成员为主要劳动力，以土地适度规模经营为基础，采用现代生产技术和设备进行农业生产，兼顾观光休闲、生态旅游等农业非生产性功能的现代农业经营组织形式。

新时期家庭农场具有如下特征。

第一，劳动力基本上都是家庭成员，在农忙季节可能雇用一些临时工，但数量不会超过家庭成员人数。

第二，土地适度的规模化经营，通过承包、租赁等方式实现土地规模化经营，面积大小根据家庭成员人数和生产技术水平有所不同。

第三，采用先进的国际或国家标准生产经营，可以注册商标，产品经济效益较高。

第四，运用现代农业设备和技术，劳动生产率水平较高，产品的技术含量较高。

第五，农业生产功能是基础，兼顾观光休闲、生态旅游等多种功能。

第二节 家庭农场与其他农业经营主体的比较

一、与专业大户的比较

专业大户和家庭农场作为新型农业生产经营主体之一，在本质上没有大的区别，主要的区别在于农业经营方式。专业大户是指围绕某一种农产品从事专业化生产、承包的土地达到一定规模、家庭成员是农业生产能手的农户。专业大户的本质是农户，是自然人身份，与传统农户或一般农户的区别是规模大和专业化生产水平高，因此不需要进行工商注册登记，主要以某种农产品的初级原料生产为主，较少进入加工流通领域，品种相对单一。土地流转大部分通过与农户口头协商，土地承包期不稳定。由于承包土地规模大，经常需要雇用家庭成员之外的劳动力从事农业生产，一般会有季节性雇工或常年雇工。

与专业大户相比，家庭农场一般需要进行工商注册登记。虽然我国目前还没有家庭农场工商注册登记的统一标准，但家庭农场发展较快的地区都制定了家庭农场的认定标准和工商注册登记的流程。工商登记是家庭农场区别于专业大户的制度凭证，使家庭农场从自然人转变到市场经营主体，经营行为受到法律保护。家庭农场登记时，需要明确经营范围，一般生产经营的产品较丰富，与专业大户的单一品种不同。家庭农场登记后需要以"企业化"的方式进行规范化管理，生产集约化、农产品商品化和经营管理水平较高。家庭农场的土地来源，除自己承包的土地外，也需要通过不同的土地流转方式获得规模土地，但更强调经营土地的长期稳定，并且要形成连片规模，在家庭农场的认定标准上有以下要求。

1. 土地流转原则

以双方自愿为原则，并依法签订土地流转合同。

2. 土地经营规模

水田、蔬菜和经济作物经营面积 30 公顷以上，其他大田作物经营面积 50 公顷以上。土地经营相对集中连片。

3. 土地流转时间

10 年以上（包括 10 年）。家庭农场以家庭成员为主要劳动力，偶尔才会有少量的雇工。

二、与农民专业合作社的比较

农民专业合作社是在农村土地家庭承包经营基础上，同类农产品的生产经营者或者同类提供农业生产经营服务者，自愿联合、民主管理的互助性经济组织。与家庭农场相比，虽然两者都实行适度规模经营，但实现规模经营的主体角色、途径、方式有较大区别。

1. 实现规模经营的主体角色不同

农民专业合作社是在不变更现有农户农业生产经营的前提下，将在农业生产中有采购、销售、农机服务等共同利益需求的农户联合在一起而形成的新型农业生产经营主体，它扮演着"发起人"的角色，仅为社内农户的生产经营提供指导和相关服务，对农户的农业生产经营过程约束性不强。

家庭农场是在家庭承包经营的基础上，通过土地流转的方式扩大耕地面积，实现土地的适度规模经营，农场主直接决定农场的生产和经营，扮演着"家长"角色，对家庭成员的生产经营过程能严格控制。

2. 实现规模化的途径不同

农民专业合作社主要是通过联合生产经营同类农产品的农户或企业的方式实现了农业的适度规模经营。其规模的扩大主要是通过联合分散农户实现的，是在农民没有离开土地、农民人均土地规模也没有扩大的基础上实现的规模化。实现规模化的途径主要有以下三种方式：一是吸引更多的农户加入，《中华人民共和国农民专业合作社法》（以下简称《农民专业合作社法》）中明确合作社的成立条件之一至少需要 5 名以上符合相关规定的成员。二是农户在不流转土地继续从事原有农业生产的基础上与合作社签订农产品购销合同，形成合作社经营规模。三是将土地流转给合作社，由合作社统一集中连片经营，形成合作社规模。农民专业合作社在农业经营体系中是联结农户、企业和市场的桥梁和纽带。

家庭农场的适度规模是在农民实现非农业转型、大量减少农业人口的条件下，农场经营者通过土地流转方式获得集中连片土地的经营权实现农场内部自身规模的扩大，是在农民人均土地规模扩大的基础上实现的规模化。

3. 两者成立的条件不同

我国在 2007 年已颁布了《农民专业合作社法》，按照规定，成立农民专业合作社必须向工商行政管理部门申请登记。要有 5 名以上符合规定的成员，有相关的章程、组织机构、名称和住所，同时对成员的出资情况也有相关的规定。《农民专业合作社法》还对农民专业合作社的财务管理、会计核算、盈余分配、亏损处理、合并分立、解散清算、扶持政策、法律责任等做出了具体的要求。家庭农场目前还处于起步阶段，国家还没有统一的认定标准和法律法规，对是否申请注册登记家庭农场没做硬性要求，但从江苏、山东、湖北、山西等省份根据本省家庭农场实际情况出台的地方性政策措施看，如果成立家庭农场，应以农村户籍的家庭成员为主要劳动力，要有一定集中连片的土地经营规模，以农业收入为主要收入来源，农场经营范围一般为种植或养殖项目。另外，对家庭农场的申办类型也没有固定为一种模式。从两者成立的条件看，农民专业合作社是通过外部联合并取得法人资格的经济组织，家庭农场是农村劳动力以内部家庭经营为主形成的经济实体。

三、与农业企业的比较

农业企业是依法设立从事商品性农业生产和经营活动，自主经营、自负盈亏的经济组织，其本质也是以盈利为主要目的，符合企业的一般特征。根据企业所有权理论，企业主以实现企业利润最大化为目标，持有经济收益的剩余索取权。而员工则是为了实现个人效用的最大化，追求低付出高收益，企业为了让员工与自己的目标一致，需要加强监督和控制，付出管理与监督费用。农业企业的生产要素以外来投入为主，自有生产要素较少。农业企业的土地主要依靠租赁，农业劳动力主要靠雇用，企业主很少直接从事农业生产劳动，以管理、经营为主，资本也以外来投资为主，并且有明晰的资本收益率。企业内部有明确的层级关系、具体的分工，专业化水平较高。

与农业企业相比，家庭农场虽然可以进行工商注册登记，但农场内部是一种家庭组织形式，不是企业组织形式，农场主与其他成员以婚姻、血缘、亲缘等为纽带紧紧绑在一起，家庭成员与家庭农场的目标高度一致，不存在监督问题，节约了监督成本。根据企业所有权理论，家庭农场的所有权配置也是最有效的，家庭的亲情使家庭成员之间存在利他主义的倾向，可以实现信息资源共享，提高家庭组织的效率。在生产要素投入上，家庭农场一般是自有要素和外部要素的结合，如土地由自己的承包土地和流转土地组成，资本由自有资本和外来资本相结合，劳动力以家庭成员为主，季节性或临时雇工为辅等。家庭农场主直接参与农业生产过程，还负责农场的全面管理。由于农业生产周期性长、空间分布广阔、农场雇工劳动力少等特点，不需要分工，专业化水平很低，但会自觉选择一种最优的组织方式完成任务。

四、与都市农庄的比较

都市农庄是现代庄园经济与都市农业相结合的产物。庄园经济最早出现在中世纪的欧洲，后来随着庄园逐渐发展成为一种家庭式产业，并与休闲旅游度假相结合，从而使西方农业走向集约化经营的道路，逐步实现了农业的现代化。现代庄园经济在 20 世纪中期首先出现在欧美等发达国家，以现代资本、全球市场、高科技、有机生态价值和全新的管理模式为主要特征。20 世纪 80 年代后期，这些农庄发展壮大，逐步走上了连锁经营或产业园的发展模式。

在我国都市农庄的发展可以追溯到 20 世纪 90 年代的"农家乐"，是都市农庄的雏形，它依托当地的景观、特殊地理位置或交通便利条件等，以家庭为单位，利用自家农园，经营以餐饮为主的农家餐馆。"农家乐"经历了高速发展之后，出现了自身无法避免的弊端，如档次偏低、设施简陋、经营形式单一、同质化竞争激烈等问题。于是，以休闲为主的综合型复合功能的都市农庄开始出现，如北京郊区文化庄园、广州岭南国际文化农业度假庄园、海南现代农场、云南热带果园和成都金阳庄园等。

目前国内一些地方已经开始进行都市农庄的实践，有些已经取得了不错的效果，如山西榆次区左权县的生态庄园经济开发，虽然学术界对都市农庄没有统一的界定，但基本上在以下几点达成了共识：一是以土地或包含地面建筑物为标的吸引社会资本投资，其中一种常见的形式是将其土地资源划分若干单元股份券或受益凭证向投资者招商融资；二是依托自然景观资源、交通便利等条件；三是以现代农业生产、加工和经营为基础，满足城市居民农产品消费需求和旅游休闲需求；四是地处都市及其延伸地带，近郊或中郊更合适；五是实行企业化管理，专业化和集约化水平高，以雇用劳动力为主；六是农庄建设经过专业设计与规划。

与都市农庄相比，目前家庭农场投资以自有资金为主，可以通过银行借贷资金补充，自有土地和流转土地直接用于农场的生产经营，不允许以此为标的物进行社会融资。家庭农场在实现的功能上更多的倾向于现代农业的生产、加工和经营，满足城市居民农产品消费需求。家庭农场的发展主要依托当地的城镇化发展水平和农业生产条件，土地容易集中连片的地区，家庭农场规模化经营水平越高，地理位置选择都市的中郊、远郊更适宜。家庭农场以家庭成员为主要劳动力，成员之间的亲情关系取代了契约关系，本质上不是企业管理模式，专业化和集约化水平相对不高。在农场建设上更多的是家庭个人行为，缺少整体的专业设计与规划。

家庭农场在不断发展和完善，可以借鉴都市农庄的一些优点，各地根据自身的经济发展水平走出家庭农场的发展特色。

第三节　我国家庭农场发展的历史

一、第一阶段：中华人民共和国成立初期，全民所有制条件下的国营农场发展

中华人民共和国成立后，在全国各地相继建立了大批的国营农场，承担了经济发展、军事建设、维护团结、就业安置、社会管理、农业示范等多种不同功能。改革开放前，国营农场实行统收统支政策，农场吃国家的"大锅饭"、职工吃农场的"大锅饭"现象较为普遍，严重挫伤了农场和职工的积极性，农场长期摆脱不了低产亏损的局面。改革开放后，国家对国营农场实行财务包干、联产承包责任制的改革。为了进一步调动农场和职工的积极性，国营农场在大包干的基础上开始兴办职工家庭农场。1984 年中央一号文件中曾明确指出：国营农场应继续进行改革，实行联产承包责任制，办好家庭农场。这是我国第一次在中央一号文件中提出家庭农场的概念。国营农场与家庭农场在行政上是领导与被领导的关系，在经营管理上是统与分的关系。受计划经济体制的制约，当时家庭农场的主要经营形式有独家经营、联合经营和雇工经营三种形式。截至 2008 年，我国共有 2 000 多个国有农场，其中超过 5 000 名职工的农场数量有 600 多个。

二、第二阶段：改革开放后，以集体土地所有制为前提的家庭联产承包经营

1978 年，安徽凤阳小岗村等地自发进行的"包产到户"尝试，自下而上点燃了家庭联产承包经营制度改革的熊熊大火。十一届三中全会之后，中央一系列关于农业的政策肯定了这种做法，自上而下推动了农村改革的进程。1983 年中央一号文件明确了家庭联产承包责任制的合法地位。家庭联产承包责任制的建立，使我国农村土地制度从集体所有、集体经营向集体所有、家庭经营的

模式转变，土地所有权和土地经营权发生了分离。

家庭联产承包责任制激发了农民生产的积极性，但"均田到户"的土地配置方式也带来了承包土地规模过小、农民生产效益低下等问题。1987年中央政治局发布《把农村改革引向深入》（中发〔1987〕5号），指出过小的经营规模会影响农业进一步提高积累水平和技术水平，提出有条件的地区可以兴办适度规模的家庭农场，探索土地集约经营的经验。这是中央明确提出在集体土地上兴办家庭农场。针对这些问题，在农村土地流转制度不断建立和完善的过程中，全国一些地方也进行了农地适度规模经营的探索，家庭农场开始在上海、苏南等地区的集体土地上出现，并逐渐形成了具有地方特色的"安徽郎溪模式""宁波慈溪模式""上海松江模式"等形式。

三、第三阶段：2013年后，以促进土地合理流转为中心推进家庭农场规模化、持续发展

2013年中央一号文件提出，鼓励和支持承包土地向专业大户、家庭农场、农民合作社流转。继续增加农业补贴资金规模，新增补贴向主产区和优势产区集中，向专业大户、家庭农场、农民合作社等新型生产经营主体倾斜。"家庭农场"的概念首次出现在中央一号文件中。各地政府鼓励有条件的地方率先明确家庭农场认定标准、登记办法，制定专门的财政、税收、用地、金融、保险等扶持政策，同时围绕家庭农场发展中土地流转和土地确权等问题，在一些地方已经开始试点研究，提高家庭农场的规模化水平、保障农民的土地承包和经营权。据农村经营管理情况统计，截至2015年6月底，县级以上农业部门认定的家庭农场达到24.0万个，比2014年的13.9万个增长72.7%。按行业划分，从事种植业的家庭农场14.2万个，占家庭农场总数的59.2%，其中，从事粮食生产的8.4万个，占种植类家庭农场总数的59.2%；从事畜牧业的家庭农场5.0万个，占家庭农场总数的20.8%；从事渔业、种养结合、其他类型的家庭农场分别为1.64万个、2.34万个、0.85万个，分别占家庭农场总数的6.8%、9.75%、3.5%。各类家庭农场经营土地面积3 343.7万亩*，其中，种植业经营耕地面积2 493.2万亩，占74.6%，平均每个种植业家庭农场经营耕地176.1亩。从种植业家庭农场经营耕地的来源看，流转经营的耕地面积1 981.5万亩，占79.5%，家庭承包经营和以其他承包方式经营的耕地面积511.7万亩，占20.5%。

---

* 1亩≈667平方米，1公顷=15亩。全书同

第四节　家庭农场产生条件及发展现状

一、家庭农场的发展规律

我国家庭农场发展相对较晚，根据国外家庭农场的发展规律，健康成长的家庭农场具备以下显著条件。

（一）土地租赁制度的建立和土地的相对集中

租地农场是一种有效率的经济组织，农场土地所有权和经营权的分离，使双方都能够增加收益，有利于双方产生积极性，从而提高农业劳动生产率。土地租赁制度使得土地得以流转，实现土地的规模经营。日本在 20 世纪 60 年代制定了《农业基本法》，鼓励农业生产的扩大和农业结构的调整，该法也允许离开村庄去城里的农民将其土地委托给小规模的农业合作社代耕。在这些法律法规下，1955—1964 年日本的农业年增长率为 4%，高于大多数国家的农业增长率，也满足了当时由于人民收入提高而对食物消费需求的增长。

（二）农地所有权和使用权的分离

20 世纪六七十年代，日本政府农地改革的重点开始由鼓励农地集中占有转向分散占有、集中经营的新战略。农地改革的重点由所有制转向使用制度，在农地小规模家庭占有的基础上发展协作企业，扩大经营规模，鼓励农地所有权和使用权的分离。20 世纪 70 年代开始，政府连续出台了几个有关农地改革与调整的法律法规，鼓励农田租赁和作业委托等形式的协作生产，以避开土地集中的困难和分散的土地占有给农业发展带来的障碍。如以土地租佃为中心，促进土地经营权流动，促进农地的集中连片经营和共同基础设施的建设；以农协为主，帮助"核心农户"和生产合作组织妥善经营农户出租和委托作业的耕地。这种以租赁为主要方式的规模经营战略获得了成功，1980 年的租赁耕地比 1970 年增加了 30 多倍，1986 年又比 1980 年增加 50%，达 5 万公顷。

（三）经营规模化和组织方式多样化

美国家庭农场平均用地从 1920 年的 147 英亩[*]增至 1989 年的 457 英亩。

---

[*]　1 英亩 ≈4046.8 平方米。全书同。

法国农场平均规模从 1955 年的 16 公顷增加到 1997 年的 41.7 公顷。虽然日本以小规模家庭经营进行农业经营，在 1950 年户均耕地仅 0.8 公顷，后来家庭农场通过租赁方式实现了规模经营。

美国家庭农场的发展与趋势表现为农场数目的减少和经营规模的扩大。中小型家庭农场要想在激烈的竞争中生存，就必须善用资源，开展特色经营。法国政府从 20 世纪 60 年代起，采取一系列干预政策，使得法国的农场数量逐步减少，农场的土地规模逐步扩大。

（四）生产经营的专业化

美国把全国分为 10 个"农业生产区域"，每个区域主要生产一两种农产品，如北部平原是小麦带，中部平原是玉米带，南部平原和西部山区主要饲养牛羊。在这种区域化布局的基础上，建立和发展生产经营的专业化。法国的农场专业化程度很高，按经营内容可分为畜牧农场、谷物农场、葡萄农场等，专业农场大部分经营一种产品，突出各自产品的特点。作业专业化是将过去由一个农场完成的全部工作，如耕种、田间管理、收获、运输、储藏、营销等，均由农场以外的企业来承担，使农场由原来的自给性生产转变为商品化生产。

（五）农业生产的高科技化和机械化

农业生产的现代化，不仅推动农业生产率的提高和农业结构的优化，促使发达市场经济国家的家庭农场向更大规模发展；家庭农场生产的规模化也进一步推动了农业机械化向更高程度发展。在美国康涅狄格州格雷格的农场，一台安装了 GPS 全球卫星定位系统的大型拖拉机，由电脑控制，由卫星导航在田间作业，根本无须人工操作，并能减少漏耕或重复耕种的情况；GPS 全球定位系统有数据交换功能，与附近的农业科技中心交换数据，自动调整机器工作参数。该系统不仅可用于耕作和收割，还可以用于牛的识别和追踪。据报道，一些美国农民使用高速数码相机扫描小牛或小羊的视网膜，然后将扫描影像输入电脑，并与 GPS 全球卫星定位系统相连，这样该系统可以自牧草地开始追踪牲畜，直到进入屠宰场。

（六）农产品市场化程度高，能获取较高收益

美国 1935 年家庭农场总数 25% 的大农场生产了全国农产品总量的 85%。20 世纪末，美国家庭农场的数量升至 89%，拥有 83% 的谷物收获量，77% 的农场销售额。家庭农场不仅因为规模经营可以获得较高的经济效益，还可以得

到政府对农业的高额补贴，56% 农场家庭的收入和净资产均高于全国家庭平均水平，政府主要通过政府计划补贴和联邦作物保险这两种形式为农业提供支持。仅占全国人口 1.8% 的美国农民，不仅养活了近 3 亿美国人，而且还使美国成为全球最大的农产品出口国，2001 年美国农产品出口高达 535 亿美元。

（七）健全的社会化服务体系

美法日等家庭农场的发展都没有离开社会化服务组织的支持，如日本的农协、美国的农业推广局和农场主家计管理局及其他农村市场的中介组织。就是这些中介服务组织在农业经营组织化过程中，以市场关系或合同形式为家庭农场主提供产前、产中、产后服务，使家庭农场适应市场经济，满足市场千差万别的需要，有效抵御自然风险和市场风险。

（八）政府对农业的大力支持

家庭农场作为农业生产经营的一种创新形式，受农业自然条件影响，承担风险能力较弱，政府需要制定相关的政策和法律法规保障农业生产者的利益。美国对农业实行高补贴的政策，主要是农业部推广局的技术帮助和农场主家计管理局的金融信贷支持。在美国，农业是一个受到高度重视和保护的传统行业。美国政府多年来一直对农业给予许多税收优惠。与工业、服务业等其他行业相比，农民所缴纳的税明显要少，额度相对较低，也没有专门针对农民的税种。法国是欧盟小农场最多的国家，为解决土地过于分散的问题，政府提倡和鼓励农民集体生产，出现了"农业土地组合"和"农业共同经营组合"等以土地合作为主的农村合作组织。在日本，政府把农地改革的重点由鼓励农地的集中占有转向分散占有，通过发展协作组织，实行经营委托和作业委托解决小土地所有制下的规模经营问题，使得委托农户可完成自己力所能及的农活作业，保持与土地的联系，受托者可以充分利用机械设备，实现规模作业，取得相应的作业报酬。

二、我国家庭农场产生和发展的条件

根据西方发达国家家庭农场的发展经验和具有的主要特征，一个国家或地区只有具备了一定的发展家庭农场条件，家庭农场才会如雨后春笋般涌现。家庭农场的条件分为两个层次，第一层次为家庭农场的产生条件，由市场自发形成；第二层次为家庭农场的发展条件，促进家庭农场快速发展。

虽然中央一号文件首提"家庭农场",但这种模式在中国已遍地开花。近年来,上海松江、湖北武汉、吉林延边、浙江宁波、安徽郎溪等地积极培育家庭农场,并且率先形成了具有特色的发展模式。截至 2015 年年底,经农业部认定的家庭农场数量达到了 34.3 万户,家庭农场显示出了强劲的发展势头。只是和国外比,中国的家庭农场还处于起步阶段。目前家庭农场已形成了比较成熟的 5 种发展模式(表 1-2)。

表 1-2 我国家庭农场的发展模式

模式	浙江宁波	上海松江	湖北武汉	吉林延边	安徽郎溪
家庭农场数(户)	600	1 200	167	451	216
平均年收入(元)	租金+薪金收入,其中 355 家年销售额 50 万元以上	7 万~10 万元	超过 20 万元	10 万元以上	28 910(农场内人均纯收入)
平均经营土地面积(亩)	50 亩以上	100~150 亩	15~500 亩	1 275 亩	50 亩以上
特色	一般雇用工人,有自主商标等	持证上岗、政府衔接产业链	家庭农场主必须是武汉市农村户籍农户,具有高中及以上文化水平等	享受各项国家农业财政补贴政策,实施相关税收优惠政策等	成立"郎溪县家庭农场协会",创建科技示范基地,目前已创办示范农场 20 个

这些地区的家庭农场发展之所以能领先全国,是因为它们最先具备了家庭农场的产生条件。

(一)工业化和城市化进程中,大量农村劳动力转移实现非农就业,出现土地闲置或荒芜——土地规模化前提

工业化进程带动了农民的转型,农民的非农就业为农村土地流转提供了客观基础。家庭农场就是在农民的非农就业、土地流转的前提下,通过耕地的适度规模经营,实现了农民人均土地规模的扩大。家庭农场也为继续"留守"农村从事农业生产经营的农民向新型农民转型奠定了基础。

郑风田(2013)阐释了非农就业与家庭农场的发展关系,认为非农就业与城镇化发展速度决定了家庭农场的发展速度,不能够人为地让家庭农场的发展速度超越城镇化和非农就业的速度。非农就业指的是农民在农业之外的行业如工业、服务业等实现就业,城镇化(urbanization/urbanisation)也称为城市化,是指随着一个国家或地区社会生产力的发展、科学技术的进步以及产业结构的调整,其社会由以农业为主的传统乡村型社会向以工业(第二产业)和服务业（第三产业）等非农产业为主的现代城市型社会逐渐转变的历史过程。非农就业水平越高，工资性收入比重越高，因此可以通过农民家庭人均纯收入来源中的工资性收入比重来衡量非农就业水平。城镇化表现在两个方面，一是农业人口转移，二是产业转型，其中产业转型尤为重要。只有产业转型成功，农业人口的非农就业转移才有可能。工业化与城镇化具有密切的联系，一般来说，城镇化是由工业化来推进的，工业化的过程同时也就是城镇化的过程，因此一个地区的工业总产值指标可以反映当地的城镇化发展水平。

当 2013 年中央一号文件首次提到发展家庭农场时，上海松江、浙江宁波和安徽郎溪等地家庭农场发展速度较快并已初具特色，各地纷纷来取经。

首先，上海、浙江和安徽的非农就业水平较高。2011 年当全国农民家庭人均纯收入中工资性收入比重在 42.5% 时，上海、浙江和安徽分别达到了 65.4%、51.4% 和 43.7%，高于全国平均水平（表 1-3）。

表 1-3　2011 年分地区按来源分农村居民家庭人均纯收入及工资性收入比重

地区	人均纯收入（元）	工资性收入（元）	工资性收入占比（%）
上海	16 053.79	10 493.03	65.4
浙江	13 070.69	6 721.32	51.4
安徽	6 232.21	2 723.17	43.7
全国	6 977.29	2 963.43	42.5

数据来源：2012 年中国统计年鉴。

其次，从三地内部城镇化水平看，上海松江、浙江慈溪和安徽郎溪城镇化进程较快。据省统计年鉴数据显示，2011 年上海松江区工业总产值达到 4 079.04 亿元，排名郊区县第一位。2011 年浙江省地级市工业总产值排名，宁波慈溪市以 1 613.55 亿元排名第二，仅低于绍兴诸暨市的 1 844.46 亿元。安徽郎溪县在宣城市县域经济城市化发展中排名靠前，2011 年郎溪县工业增加值达到 400 324 万元，仅次于广德县 641 666 万元，同时比 2010 年增长 25%，高于广德县 18.8% 的增长率。

（二）农业历史悠久，形成了特色农业，出现了农业种植能手或养殖能手——"农场主"的基础

家庭农场是以农业为基础的规模化生产和经营，农场主必须既懂农业生产技术又懂经营管理，才能获得较高的经济效益。农业生产技术的熟练运用不是短时间内能完成的，它需要与当地的自然、气候等条件结合起来才能达到最

佳效果，因此需要几代或十几代人的历史传承，并经过不断的改进，出现农业种植能手或养殖能手，这些农业种植能手或养殖能手队伍的扩大依赖于农业收益的增长，要想获得持续的农业收益增长，必须形成特色农业。因此在一些农业历史悠久、有特色农业的地区，农业种植能手或养殖能手的数量越多，农场主或"职业农民"产生的基础就越好。

上海松江区地处长江三角洲东南部，为长江三角洲平原，是江南著名的鱼米之乡，全区已建成设施粮田 10 万亩、设施菜地 1.5 万亩、设施花卉 0.65 万亩、标准化畜禽场 9 家、标准化水产养殖场 18 家。截至 2012 年，家庭农场发展至 1 206 户，经营面积 13.66 万亩，占全区粮田面积的 80%，建成种养结合家庭农场 37 户，（农）机、农结合户 107 家。

宁波家庭农场主要是由以前的专业大户发展起来的，特别是在 20 世纪 80 年代中后期，宁波市产生了家庭农场的雏形，出现了一批粮田适度规模经营大户；90 年代后期，随着效益农业发展步伐加快，一批从事蔬菜、瓜果、畜禽养殖等多种经营的规模大户逐渐出现；21 世纪初，一些大户自发进行了工商注册登记，形成了现在的宁波家庭农场。截至 2012 年年底，宁波市经过工商登记的"法人"型家庭农场共有 687 家，基本涵盖了粮食、蔬菜、瓜果、畜禽等产业，其中从事种植业生产的有 456 家，占 66.4%；从事畜牧业生产的有 231 家，占 33.6%。大部分农场主产业规模都是从小做到大，专业知识、实践技能较强，懂经营，会管理。

安徽郎溪线隶属于安徽省宣城市，素有"鱼米之乡""天然植物园"之美誉，是安徽省粮油、蚕茧的重要产区、国家商品粮基地县，还是中国最大的绿茶生产基地，境内有 8 万多亩茶园，全国平均每 10 斤 * 茶叶就有 1 斤产自于此，早在 1996 年就被农业部授予"中国绿茶之乡"和"全国茶树作物无公害用药示范基地县"。悠久的农业历史和形成的特色农业，造就了一批农业种植和养殖能手。截至 2014 年 10 月，郎溪家庭农场共有 606 个家庭农场，涉及粮油种植、水产养殖、畜禽养殖、蔬菜种植、烟叶种植、苗木种植等多个产业类型。其中，以粮油种植类和水产养殖类为主导产业，分别为 235 个、95 个，占总量的 38.8%、15.7%。

（三）地区经济综合实力较强，商品经济较活跃——产品市场化前提

家庭农场的产品不是用于自身消费的，而是主要用于市场交换获取经济

---

* 1 斤 =500 克，全书同

利益。因此只有地区经济发展水平高，商品经济发达，才有利于家庭农场的产品市场化。一个地区的经济发展水平和商品经济活跃程度是遵循市场经济发展规律的，需要经历一定的发展过程。地区经济发展水平越高，商品经济越活跃，产品市场化程度就越高。因此那些经济综合实力强、商品经济发达的地区更适合发展家庭农场，同样，家庭农场最有可能在这些地区产生和发展。

商品经济的活跃程度从根据统计年鉴中"亿元以上商品交易市场基本情况"数据可以看出，交易市场数量越多，交易金额越大，说明商品经济越活跃。根据 2011 年上海、浙江和安徽三地亿元以上商品交易市场基本情况的数据进行分析（表 1-4），除了安徽省外，上海和浙江亿元以上商品交易市场数量和成交额都高于全国平均水平，上海和浙江的市场数量分别为 180 个和 730 个，高于全国平均水平 163.7 个；上海和浙江的成交额分别为 6 789.9 亿元和 13 099.7 亿元，是全国平均值的近 3 倍和近 5 倍。安徽省亿元以上商品交易市场数量和成交额略低于全国平均水平，主要原因可能地处内陆，商品经济不如沿海城市发达，但安徽郎溪隶属宣城市，地处安徽省东南边陲，皖、苏、浙三省交界处，素有"三省通衢"之称，区位优越。邻近苏州、无锡、常州、南京、合肥、上海、杭州等大中城市，产品市场广阔。

表 1-4　2011 年上海、浙江和安徽亿元以上商品交易市场基本情况

项目	上海	浙江	安徽	全国平均值
市场数量（个）	180	730	135	163.7
成交额（亿元）	6 789.9	13 099.7	2 190.9	2 645.7

数据来源：中国统计年鉴 2012 年。

（四）现代农业生产技术的应用——农业机械化和集约化前提

家庭农场是以家庭成员为主要劳动力，实现土地的规模化经营，在家庭成员有限而土地经营规模扩大的情况下，必然要求家庭成员提高劳动生产效率。在传统农业生产方式下，农业劳动力主要依靠体力的付出进行生产，但人的精力和体力是有限的，所以土地经营规模难以扩大。随着现代农业生产技术的发展，越来越多的机器、设备应用于农业生产，改变了农民"面朝黄土，背朝天"的生产现状，很大程度上提高了劳动生产率，更好地实现了土地规模经营。

现代农业生产技术的应用大大改善了农业的生产条件，尤其是农业机械的应用解放了农民的双手和双脚，使农民从单纯的体力工作者转变为脑力与体力相结合工作者。机械化水平的高低可以从"单位面积主要农业机械拥有量"得到反馈。2011 年，除上海外，浙江和安徽每 10^3 公顷耕地面积农业机械动力

为 1.28 万千瓦和 1.35 万千瓦，高于全国平均水平的 0.8 万千瓦。上海 10^3 公顷耕地面积农业机械动力相对较低，仅为 0.53 万千瓦（表 1-5），主要原因可能在于耕地面积数量少，仅为浙江的 1/10 和安徽的 1/20，不利于采用大型的机械化设备，上海作为国际化大都市，重视发展现代都市农业，如松江区投入巨额资金，扎实推进设施农田和高水平农田的建设，完善粮田水利排灌设施及生产辅助设施。调研显示，在 2004—2008 年共投资 7 276.5 万元，建成设施农田 5.33 万亩；2010 年以来又投资 6 672.9 万元，建设高水平粮田 1.46 万亩。

表 1-5 2011 年上海、浙江、安徽农业机械拥有情况

地区	农业机械总动力 （万千瓦）	耕地面积 （10^3 公顷）	单位耕地面积农业机械动力 （万千瓦/10^3 公顷）
上海	105.7	199.6	0.53
浙江	2 461.2	1 920.9	1.28
安徽	5 657.1	4 184.3	1.35
全国	97 734.7	121 715.9	0.80

数据来源：中国统计年鉴（2011 年）、上海统计年鉴（2011 年）、安徽统计年鉴（2011 年）。

（五）农民合作组织或协会的发展——提供专业的社会化服务

家庭农场经过工商注册登记后就是一个企业，要使企业运行有效率必须确定企业边界，科斯认为企业边界由市场安排协调资源的费用（即交易费用）和企业内部管理资源的费用（即组织成本）共同作用决定，当交易费用大于组织成本时，企业就会扩张。家庭农场因为以家庭成员为主要劳动力、以自有土地和租赁土地相结合，所以企业组织成本较低，但又因以家庭为生产单元决定了企业规模不能很大，需要降低家庭农场外部的交易费用。家庭农场生产过程涉及产前、产中和产后各环节，在这些环节如果有专业的组织或机构提供相关服务，能大大降低交易费用，农民专业合作社、农业企业、家庭农场协会等的产生正好为家庭农场的发展提供专业的社会化服务。

上海松江区建立了涵盖良种繁供、农资配送、烘干销售、农技指导、农业金融和气象信息等内容的专业化服务体系。具体服务内容包括：①扩大农资连锁经营覆盖面，做好农业生产资料配送供应服务；②组建 30 家农机合作社，推广农机作业，实行农机社会化服务；③区农委为全区家庭农场经营者配送一部手机，联合电讯部门及时提供气象、植保、市场等各类信息；④建设一批粮食仓库和烘干设备，粮食烘干设施装备能力达到 2 200 吨，解决了家庭农场稻谷集中翻晒的难题；⑤鼓励粮食购销部门和粮食加工经销企业实施订单生产或直接上门收购，指导家庭农场实行稻米品牌经营。

2012年，浙江宁波市已进行工商注册登记的家庭农场有687家，有一半左右的家庭农场牵头领办或加入了农民专业合作社，122个家庭农场与农业企业签订了产品购销合同。

安徽郎溪县以行政引导、技术支撑、市场化运作等多种机制，利用各类项目资源有针对性地倾斜，发展了一批有一定生产规模和服务能力的社会化服务组织，目前全县农业社会化服务组织达75个，采取订单、互助、股份合作、利润返还等多种形式，为家庭农场提供生产技术、田间管理、农机应用、季节性用工以及市场销售等方面的协作和帮助，提高了农业经营的组织化程度。2009年，在政府的引导下，在全县遴选了有产业代表性、规模较大、带动作用较强的家庭农场主，成立了"郎溪县家庭农场协会"。此后又依托安徽省农业信息主网，开通"郎溪县家庭农场协会网"，设立网上营销平台、供求信息、会员风采、农事时报、农民创业等栏目，及时向家庭农场提供各类信息服务。

（六）政策或市场因素的刺激

家庭农场作为一种新型的农业生产经营主体，在不断发展和完善过程中会面临一些自身无法克服的问题，如土地流转、家庭农场主能力提升、农业风险、金融贷款等相关问题，需要政府制定相关政策扶持家庭农场的发展。自2013年中央一号文件中明确提出培育和发展家庭农场后，国家发布了一系列的配套政策，如2014年颁布了《农业部关于促进家庭农场发展的指导意见》（农经发〔2014〕1号），2019年发布了《关于实施家庭农场培育计划的指导意见》（中农发〔2019〕16号）等，各地也制定了相应的促进家庭农场发展的补贴政策，以下是一些家庭农场发展不错的地方制定的相应政策。

上海制定了补贴政策向家庭农场倾斜。家庭农场在取得种粮直补、良种补贴、农药补贴、农资综合补贴等各项补贴之外，区农委额外给予每亩200元的土地流转费补贴。农机购置补贴向家庭农场经营者倾斜。同时，区财政出资5 000万元的贷款担保基金，为家庭农场提供贴息贷款扶持，解决融资难问题。此外，全区家庭农场的水稻保险费全部由区财政承担。

浙江宁波家庭农场的快速发展，离不开政府的扶持与引导。慈溪市在家庭农场培育上有许多大胆的创新和探索。一是慈溪市政府出台了相关补贴政策，主要包括对土地流转、农户生产要素投入以及积极投身农业发展的知识分子的补贴。二是农业精英的培养与引进。为培养适合家庭农场发展的高端管理人才以及农业精英，慈溪市累计举办5期农场主高级培训班，共计有300位农场主进修。除此之外，慈溪市还率先出台涉农大学生在家庭农场就业的扶持政策——在宁波市 1 万元扶持资金的基础上，慈溪市财政再给予每人 2 万元的补贴。三是家庭农场生产经营规范化。为规范家庭农场发展，慈溪市出台了"六个一"和"三个不"政策。"六个一"，即一张工商执照、一处管理用房、一个标牌、一份委托流转合同、一本农事操作记录、一个农产品质量安全承诺；"三个不"，即不搞农家乐、不准非农化、不准搞养殖。

安徽郎溪县委县政府制定了一系列促进家庭农场持续健康发展的意见和政策措施，大力培育家庭农场这一新型农业生产经营主体。县财政每年安排 1 000 万元家庭农场发展专项扶持资金，对达到一定规模和经营水平的家庭农场给予补助和奖励；每年扶持 20 个家庭农场开展信息化建设；每年整合涉农项目资金 1 000 万元，支持各类示范农场的农业基础设施建设；县财政出资设立现代农业发展专项担保基金，为家庭农场和社会化服务组织提供服务。县农委和县工商局先后制定《郎溪县家庭农场认定办法》和《家庭农场注册登记实施细则》，制定了家庭农场的认定标准、登记要求和规程，鼓励有条件的专业大户升级为家庭农场，放宽条件，简化程序，通过登记注册确认家庭农场的经营主体地位，促进家庭农场规范健康发展。2013 年 3 月，郎溪县委县政府又出台了《关于促进家庭农场持续健康发展的实施意见》（郎发〔2013〕6 号），提出进一步提高农业集约化经营、标准化生产、社会化服务水平。

这些要素条件只有都满足，家庭农场才能顺利产生，同时要素条件在不同区域的空间分布呈现一定的规律性，一般来说，东部地区比中西部地区更成熟，大城市周边比二三线城市周边更成熟，"长三角""珠三角"经济发达地区比经济不发达地区更成熟（图 1-1）。

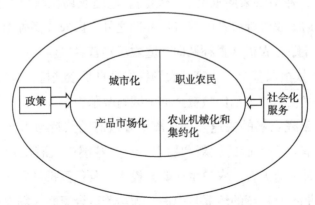

图 1-1 家庭农场产生和发展的条件

三、我国家庭农场发展现状及特征

2013 年中央一号文件提出发展家庭农场的政策后，各地家庭农场蓬勃发展。为了及时了解家庭农场的发展动态，农业部于 2013 年起开展了家庭农场专项调查，对家庭农场的经营数量、经营面积、经营类型、经营效益等基本情况进行统计。基于 2014 年和 2015 年的农业部专项调查数据，我国家庭农场的发展现状及特征表现如下。

（一）家庭农场数量发展迅速，且增长速度逐年加快

随着我国政策支持力度的加大和土地流转速度的加快，我国家庭农场发展迅速。截至 2013 年年底，农业部共认定家庭农场 7.23 万个；2014 年增长了 92.25%，数量达到 13.9 万个；2015 年年底，农业部共认定家庭农场 34.3 万个，较 2014 年增长了 146%。其中，被认定为示范性家庭农场 3.9 万个，比 2014 年增长了 143%（表 1–6）。

表 1–6　近年来我国家庭农场的经营数量情况

项目	年份		
	2013 年	2014 年	2015 年
经营数量（万个）	7.23	13.9	34.3
年增长率（%）	——	92.25	146

数据来源：2014 年和 2015 年农业部对全国 30 个省、区、市（不含西藏）家庭农场的专项调查数据。

（二）家庭农场基本实现规模经营，且 70% 的土地来自土地流转

据统计，34.3 万个家庭农场共经营土地面积 346.09 万公顷，平均每个家庭农场的经营规模为 10.12 公顷。其中，粮食型家庭农场经营规模在 3.33 ～ 13.33 公顷的占 63.1%，13.33 ～ 33.33 公顷的占 28.0%，33.33 ～ 66.67 公顷的占 6.5%，66.67 公顷以上的占 2.4%（表 1–7），由此看出，我国家庭农场已经基本实现了土地规模经营。

表 1–7　不同经营规模的粮食型家庭农场数量及比例

项目	经营规模（公顷）			
	3.33~13.33	13.33~33.33	33.33~66.67	66.67 以上
经营数量（个）	90 875	40 321	9 316	3 405
所占比例（%）	63.1	28.0	6.5	2.4

数据来源：2014 年和 2015 年农业部对全国 30 个省、区、市（不含西藏）家庭农场的专项调查数据。

土地是家庭农场经营的基础。家庭农场经营规模较大，其土地大多通过流转而来。随着经营规模的扩大，土地流转面积也在不断增大。目前，我国家庭农场经营的287.39万公顷耕地中，依靠土地流转所得土地有212.46万公顷，占比73.9%；家庭承包经营的耕地面积为58.62万公顷，占20.4%；以其他承包方式经营的耕地面积为16.31万公顷，占比5.7%（表1-8）。

表1-8 不同土地来源的家庭农场经营面积及比例

项目	土地来源		
	流转经营	家庭承包经营	其他
经营数量（万公顷）	212.46	58.62	16.31
所占比例（%）	73.9	20.4	5.7

数据来源：2014年和2015年农业部对全国30个省、区、市（不含西藏）家庭农场的专项调查数据。

（三）家庭农场数量与规模分布不均衡，区域差异较大

由于我国地形复杂，气候多样，区域特征明显。因此，各地家庭农场的经营数量和经营规模差异较大。根据2015年的农业部专项调查数据，从经营数量来看，2015年安徽、江苏、湖北3省位居前三，其中安徽第一，数量达到3.52万个；江苏第二，数量达到3.01万个；湖北第三，数量为2.90万个；这3省的家庭农场数近10万个，占全国家庭农场的30%。而北京的家庭农场仅有8个，天津有459个。可见，家庭农场在各省的分布很不均衡，南方的家庭农场数量普遍高于北方。

从经营规模上看，全国家庭农场的平均经营规模为10.10公顷。但是各省的经营规模差异较大，具体表现为北方经营规模普遍大于南方。其中，青海省家庭农场的平均经营规模最大，为40.61公顷，其次是宁夏和黑龙江，分别为24.92公顷和21.47公顷。而经营规模最小的3个省市是福建、四川和广东，分别为5.58公顷、5.03公顷和2.93公顷。

（四）家庭农场中60%以上从事种植业，种养结合型将迅速兴起

根据家庭农场的经营产业，将其分为种植业、畜牧业、渔业、种养结合及其他5种类型。整体上看，我国家庭农场以种植业为主，并且除畜牧业型家庭农场比例大幅下降之外，种植业、渔业、种养结合及其他类型的家庭农场比例均有小幅上升。

2014年，种植业家庭农场占比61.24%，是家庭农场的主要经营类型；2015年，种植型家庭农场继续保持这一主体地位，占比为61.90%。渔业、种

养结合和其他类型的家庭农场占比分别由 2014 年的 4.75%、7.82%、3.04% 增长到了 2015 年的 5.90%、8.96% 和 3.97%。畜牧业家庭农场比例由 2014 年的 23.16% 下降到 2015 年的 19.26%，降低了 3.90%（表 1-9）。

表 1-9 家庭农场的经营类型所占比例及变动情况

类型	2014 年所占比例（%）	2015 年所占比例（%）	变化比例（%）
种植业	61.24	61.90	+0.66
畜牧业	23.16	19.26	−3.90
渔业	4.75	5.90	+1.15
种养结合	7.82	8.96	+1.14
其他	3.04	3.97	+0.93

数据来源：2014 年和 2015 年农业部对全国 30 个省、区、市（不含西藏）家庭农场的专项调查数据。

虽然目前种养结合型家庭农场数量和比重不是很大，但随着绿色循环农业的发展以及农场生产成本的核算，种养结合型家庭农场将快速兴起。从以上 2014 年、2015 年的调查数据可以看出，种植型家庭农场占比增长了 0.66 个百分点，种养结合型家庭农场占比增长了 1.14 个百分点，是家庭农场经营类型中增长速度较快的。种植业为养殖业提供饲料基础，养殖业为种植业提供有机肥料，通过种养结合实现农业生产的绿色循环，减少环境污染，节约水肥资源。上海市松江区在粮食家庭农场的基础上，探索种养结合家庭农场养猪模式，到 2013 年年底，已经有 60 家种养结合家庭农场，2014 年年底，发展到了 73 家。

（五）家庭农场的年销售产值高，但净利润低

由于家庭农场实现了土地规模经营，提高了土地生产率，增加了经济效益。根据农业部统计，2015 年家庭农场的年销售农产品总值为 1 260 亿元，平均每个家庭农场的产值达到 36.8 万元，较 2014 年增加了 17.57%。其中，北京、云南、江苏、浙江、安徽、福建等地的家庭农场的年均产值较高，超出了全国平均水平。大部分家庭农场的年产值集中在 10 万～ 50 万元和 10 万元以下，分别占比 44.2% 和 33.3%。

虽然家庭农场的年销售值较高，但是由于目前我国农业的发展所需成本较大、家庭农场的生产投入过高，导致家庭农场的净利润低。根据调查数据显示，年销售产值减去农业生产投入成本后，2015 年我国家庭农场的年均利润仅剩 19.6 万元。

第五节　家庭农场发展的理论基础

一、企业所有权理论

企业所有权理论是围绕企业的产生和企业内部所有权安排两个问题而进行的理论研究。在企业理论中，企业所有权理论主要是沿着企业非人力资本所有权分析范式和企业人力资本所有权激励监督分析范式这两条路径来展开的。企业非人力资本所有权分析范式实质是作为非人力资本所有者拥有企业所有权，企业人力资本所有权的激励监督分析范式的实质是作为人力资本所有者拥有企业所有权。

企业如何产生？科斯认为价格机制配置资源有交易费用，企业是由企业家权威协调资源、替代价格机制、节约交易费用的一种契约组合，并从交易费用与组织费用的边际替代分析，确认企业与市场的边界。张五常沿着科斯的思路提出，企业是要素市场契约的集合，要素所有者与企业家签订契约，服从企业家的指挥，用要素市场取代中间产品市场，节约市场直接定价的费用。

哈特（Hart，1995、1998）发展了一个所有权结构的模型，将企业所有权定义为剩余控制权，认为在合约不完全时，所有权是权力的来源，因为对非人力资产的控制将导致对于人力资产的控制。企业的剩余控制权属于非人力资产所有者，人力资产所有者通常是雇员。

企业内部所有权安排是在企业成立之后，将产权理论运用到企业内部组织结构分析，从企业家角度分析企业组织权利的来源和分配。在现代企业理论中，企业所有权概念主要有 3 种代表性观点，第一种观点出现在企业理论的早期文献中，以剩余索取权定义企业所有权，即对财产资本回收的权利；第二种观点是 Grossman 和 Hart（1986）最早以"剩余控制权"定义企业所有权，他们区分了特定控制权和剩余控制权，区别在于特定控制权指在企业合约中明确指定的那部分对财产的控制权，而剩余控制权是指在企业合约中未制定的权利；第三种观点以米尔格罗姆为代表，认为企业所有权是剩余索取权与剩余控制权的统一，我国学者张维迎也是这种观点的支持者，他对两者的内涵做了明确界定，即剩余索取权是指企业收入在扣除所有固定的合同支付费用之后的余额要求权，剩余控制权是指在合约中没有特别规定的活动的决策权。

企业所有权安排与利益相关者紧密相关。所谓利益相关者，是指企业生产要素的投入者：一是只拥有人力资本的劳动者，如经理、员工；二是只投入实物资本和金融资本的非人力资本所有者，如股东、债权人。

什么样的剩余索取权和控制权分配是最优的呢？根据汉斯曼的研究，除了交易成本外，企业经营成本还包括所有权成本。企业所有权的核心权能：控制权和剩余收益索取权在行使时并不是无成本的，而是通常包括对管理者的监控成本、所有者之间的集体决策成本与风险承担成本这三大类。张维迎认为，最优企业所有权安排的原则是剩余索取权和控制权的对应，或者说是剩余索取权和控制权在"风险承担者"（股东）和"风险制造者"（经理）的集中对称分配。如果拥有控制权的人没有剩余索取权或无法真正承担风险，他就不可能有积极性做出好的决策；即使这个人实现了剩余索取权和控制权形式上的对应，但因为他不可能承担风险，从而就不可能有正确的积极性实施控制权。要保证剩余索取权和控制权的尽可能对应，最理想的状态是企业家自己又是一个资本家。企业所有权安排对企业效率至关重要，一旦剩余索取权与控制权不匹配，就会导致激励机制的扭曲。剩余索取权和控制权的分配即企业治理结构的变动是与状态依存所有权的动态变化密切联系的。

家庭农场作为一个独立的农业经营主体，家庭成员既是农场的所有者，也是农场的劳动者，实现了剩余索取权和控制权的对应，既减少了交易成本，也减少了监督成本，充分调动成员的积极性，创造更多的"剩余价值"。

二、规模经济理论

规模经济理论是指在一特定时期内，企业产品绝对量增加时，其单位成本下降，即扩大经营规模可以降低平均成本，从而提高利润水平，亚当·斯密可以说是规模经济理论的创始人，他在《国富论》中以制针工场为例，从劳动分工和专业化的角度揭示了制针工序细化之所以能提高生产率的原因在于：分工提高了每个工人的劳动技巧和熟练程度，节约了由变换工作而浪费的时间，并且有利于机器的发明和应用。由于劳动分工的基础是一定规模的批量生产，因此，斯密的理论可以说是规模经济的一种古典解释。真正揭示大批量生产的经济性规模的典型代表人物有阿尔弗雷德·马歇尔（Alfred Marshal）、张伯伦（E. H. Chamberin）、琼·罗宾逊（Joan Robinson）和乔·贝恩（Joe S. Bain）等。马歇尔在《经济学原理》一书中提出："大规模生产的利益在工业上表现得最为清楚。大工厂的利益在于：专门机构的使用与改革、采购与销售、专门技术和经营管理工作的进一步划分。"他还系统论述了规模经济形成的两种途径，即依赖于个别企业对资源的充分有效利用、组织和经营效率的提高而形成的"内部规模经济"及依赖于多个企业之间因合理的分工与联合、合理的地区布局等所形成的"外部规模经济"。他进一步研究了规模经济报酬的变化规律，即随着生产规模的不断扩大，规模报酬将依次经过规模报酬递增、规模报酬不变和规模报酬递减三个阶段。传统规模经济理论的另一个分支是马克思的规模经济理论，马克思在《资本论》第一卷中，详细分析了社会劳动生产力的发展必须以大规模的生产与协作为前提的主张。他认为，大规模生产是提高劳动生产率的有效途径，使生产资料由于大规模积聚而得到节约。他还指出，生产规模的扩大，主要是为了实现两个目的：一是产、供、销的联合与资本的扩张；二是降低生产成本。

要实现规模经济效益，规模大小的选择很重要，不是企业规模越大越好，太大就会产生内部不经济和外部不经济。内部不经济是指生产规模过大引起内部收益的减少，如管理不便、费用增高、效益降低等。外部不经济是指由于整个行业生产规模的扩大，给相关生产系统带来损失，如引起恶性竞争、运输紧张、环境污染等。西方规模经济理论提出了规模收益的3种情况：第一种情况是，当经济规模扩大时，产量增加的比率大于生产要素投入量增加的比率。例如，厂商的生产要素投入量增加1倍，而产出增量却大于1倍。这种情况叫作规模收益递增，或叫规模经济。第二种情况是，当经济规模扩大时，产量增加的比率等于生产要素投入量增加的比率。例如，厂商的生产要素投入量增加1倍，产量也增加1倍。这种情况叫作规模收益不变。第三种情况是，当经济规模扩大时，产量增加的比率小于生产要素投入量增加的比率。例如，厂商的生产要素投入量增加1倍，而产出增量却小于1倍。这种情况叫作规模收益递减，或叫规模不经济。当一个规模较小的企业扩大规模时，其投入与产出的变化会有一个从规模收益递增至规模收益不变又到规模收益递减的过程。因此，最优规模（即适度规模）是经济规模扩大到规模收益不变阶段时的规模。

在我国的农业发展中，如何找寻最佳经营规模，实现农业规模经济的实践过程一直处于探索阶段。很多学者认为在我国现有的自然和社会经济条件尤其是在人多地少的基本国情下，家庭经营是最合适的农业经营基本单位，忽视了规模经济对于农业生产的重要意义。事实上，农业规模经营与家庭经营体制不但不会互相排斥，而且能很好地结合起来。不少学者提出"适度规模经营"概念，并使之逐渐成为学界对种植业规模经济发展的共识。陈吉元（1989）指出，我国农业的规模经营要从实际出发，不同产业之间的适宜规模不同，强调

"研究规模经济，就是要在既定的社会经济制度和生产技术水平下，探讨和建立能够有效地利用生产力诸要素并充分发挥其作用的最佳生产经营规模"。

北京农业土地资源有限，发展农业的适度规模经营，要与北京各个区县的农业功能地位、农业产业结构、土质土壤墒情、农田水利等基础设施、农业劳动力以及经济社会发展水平等相关因素相匹配。北京近郊、平原、山区等13个区县应依据农村劳动力转移情况、农业机械化水平和农业生产条件，研究确定本地区土地规模经营的适宜标准。

三、制度变迁理论

制度变迁理论起初从马克思的社会人假设出发，通过生产力和生产关系的相互作用，推动制度变迁。而制度经济学以经济人假设为前提，重视个人和利益集团等非国家组织作为制度变迁主体的作用。早期制度学派的代表人物有凡勃仑、康芒斯和密契尔，从他们开始，将制度和制度变迁作为经济学研究的核心并企图构建一套制度经济理论体系。德姆塞茨（1967）分析了不同产权制度在解决外部性问题上的差异，得出了合乎效率的产权制度朝着私有方向演进的结论。拉坦提出的诱致性制度变迁理论则强调了技术变迁产生的收入流对制度变迁的引致作用。

新制度经济学派的重要代表人物诺思以经济增长为核心提出了制度变迁理论的三块基石，即描述一个体制中激励个人和集团的产权理论；界定实施产权的国家理论；影响人们对客观存在变化的不同反应的意识形态理论，这种理论解释为什么人们对现实有不同的理解（1981）。其逻辑演进是经济增长—竞争性市场作用—降低交易成本—进行制度变革（产权制度变迁）—实施有效产权的政治制度（国家强制性制度变迁）—通过学习改变信仰体系（意识形态演进所引致的制度变迁）。戴维·菲尼（1992）的《制度安排的需求与供给》提出了制度安排的供给—需求分析框架，对从需求和供给两个方向所做的有关制度变迁理论的研究做了阶段性总结，勾画了一个制度供求分析的框架。

林毅夫（1989）把制度变迁分为两种类型（诱致性制度变迁和强制性制度变迁），他指出，诱致性制度变迁理论从经济人的成本—收益比较角度来解释制度变迁的供给和需求。诱致性制度变迁出现的前提是形成某些来自制度不均衡的获利机会，即制度变迁的预期收益大于成本，是由个人或一群人在响应获利机会时自发倡导、组织和实行的，并且是一种自下而上、从局部到整体的制度变迁过程。由于诱致性制度变迁取决于经济人的成本—收益比较，所以不可能供给那些从经济人视角来看成本高于收益而从全社会视角来看成本低于收益的制度安排，必然导致制度供给的不足。弥补这一制度空缺的需要只能通过强制性制度变迁来完成，主体是国家。在国家效用最大化指导下，国家可以强制推行一种新的制度安排直至这种制度给国家带来的预期边际收益等于预期边际费用时为止。同时指出，如果制度变迁会降低统治者可获得的效用或威胁统治者的生存，国家也可能维持一种无效率的制度不均衡，阻碍制度的变迁。

我国农村在中华人民共和国成立之后经历了从人民公社到家庭联产承包责任制的转变，家庭联产承包责任制的实质是打破人民公社体制下土地集体所有、集体经营的旧的农业耕作模式，实现土地集体所有权与经营权的分离，确立土地集体所有制基础上以户为单位的家庭承包经营的新型农业耕作模式。实行家庭联产承包责任制有利于发挥集体的优越性和个人的积极性，既能适应分散的小规模经营，也能适应相对集中的适度规模经营，因而促进劳动生产率的提高及农村经济的全面发展，提高广大农民的生活水平。研究表明，家庭联产承包责任制改革对农业生产的影响是一次性的突发效应，到1984年全国范围内都实行家庭联产承包责任制以后，这种制度变迁的冲击已经释放完毕。另外，农业的发展和农村市场化政策的逐步实行，使得农村非农就业机会增加，劳动力加速从种植业向非农产业转移。1978—1984年中国农产品产值以不变价格计算增长42.23%，其中46.89%归功于家庭联产承包责任制取代集体耕作制度的体制改革。随着农村劳动力转移和人口老龄化等问题的出现，土地出现了荒芜，原有的家庭联产承包责任制下产生的包干到户以及按人口平均分配造成土地细碎等现象不适应新时期农村发展，急需通过家庭农场经营激发农村经济的发展。

四、土地流转理论

土地流转一般是指土地的流动和转让，由于土地不可移动，所以土地流转只能是附属于土地之上的相关权利的流动和转让。国外许多国家由于实行土地私有制度，一般允许土地的买卖和交易。我国土地流转主要是在土地公有制的前提下，不改变土地的所有权，实现土地相关权利的流动和转让。根据《中华人民共和国宪法》（2004年修订）和《中华人民共和国土地管理法》的规定，我国全部土地实行社会主义公有制，即全民所有制和集体所有制。任何单位和个人不得买卖土地，但土地使用权可以依法转让，为土地流转提供了法律保障。土地流转可分为城市土地流转和农村土地流转，本部分主要分析农村土地的流转。按照法律规定，我国农村土地所有权归集体和国家所有，土地承包权属于承包土地的农户，流转的只有土地的经营权和使用权。因此，农村土地流转就是拥有土地承包经营权的农户按照相关法律程序将土地经营权或使用权转让给他人或经济组织的行为。土地流转除了承包经营权的流转外，一般还包括农村土地宅基地使用权、农村土地建设用地使用权的流转，以下从家庭农场经营的角度主要分析农民土地承包经营权流转。

日本学者速水佑次郎（Yujiro Hayami）认为，土地经营规模较大的农户只有在单位面积的农业收入大于土地经营规模较小的农户单位面积的农业收入时，理论上才会出现农户租地经营的情况。我国农村土地在目前实行家庭承包经营责任制的条件下，带来了土地细碎化分割、经营分散、规模较小等问题，影响了农民农业收入的提高。通过农村土地流转可以扩大土地生产面积，实现土地规模经营，降低农业生产成本，增加农民农业收入。因此，实行家庭承包经营责任制以来，农村土地的流转就一直存在，只不过由于一些制度的限制，改革开放初期是在农户极小范围内的私下流转。后来，随着乡镇企业的发展、农民工的出现，以及相关制度的调整，农户土地承包经营权开始自发流转。

2008 年后，中共十七届三中全会提出要规范农村土地管理制度，健全土地流转市场，并且允许农民按照依法自愿有偿原则以多种形式流转土地承包经营权。2013 年中央一号文件规定，鼓励和支持土地承包经营权向家庭农场等新型农业生产经营主体流转，使我国农村土地流转进入规范流转阶段。2014年，中共中央办公厅、国务院办公厅印发《关于引导农村土地经营权有序流转发展农业适度规模经营的意见》（中办发〔2014〕61 号），提出要研究制定流转市场运行规范，加快发展多种形式的土地经营权流转市场。截至 2015 年年底，已有 1 231 个县（市）、17 826 个乡镇建立了土地流转服务中心，覆盖了全国约 43% 的县级行政区划单位，流转合同签订率达到 67.8%。但从实践看，各地土地流转交易市场发展并不均衡，有的运行时间较长，交易也比较规范；有的刚刚起步，需要逐步建立健全相应制度。2016 年农业部在充分调研基础上，会同北京农村产权交易所、武汉农村产权交易所、山西省土地流转工作站、土流网、土地资源网等相关单位起草了初稿并征求了 30 个省（除西藏外）省级农村承包土地管理部门，以及中央农办、国务院法制办、中国人民银行和国家工商总局等部门意见后，经农业部 2016 年第 6 次常务会审议通过，形成了《农村土地经营权流转交易市场运营规范（试行）》。

五、都市型农业理论

20世纪50年代，美国经济学家将都市农业认定为都市圈中的农地作业，主要是为居民提供优质农副产品、优美的生态环境，是高集约化、多功能化的新型农业形式。都市农业是兼具经济功能、生态功能、社会功能等大农业的综合体，其所涉及农业生产、流通和消费，农业空间布局、产业结构、产品结构，以及第一产业与二三产业的关系等，必须以满足城市发展的需要为前提，并为此服务。都市型现代农业作为一个产业，仍属于现代农业范畴。都市型现代农业的优势在于技术先进、资本密集，相对弱势则是土地资源紧张，应该以技术密集型和资本密集型农产品生产为主。

北京作为都市型现代农业的典型，具备优越的地缘优势和高度聚集的生产要素，农业充分利用北京所具有的技术、人力和资本优势，形成了与其他产业的密切融合的"六次产业"。广阔的消费市场、巨大的消费需求，使传统农业发展成为模式多样、产品丰富的现代农业产业形态。

北京家庭农场的发展应结合北京农业地缘优势和要素优势，有效解决北京农业劳动力短缺的问题，推动城乡一体化建设和促进农民增收致富，促进都市型现代农业的更好发展。

第二章

北京家庭农场的现状分析

第一节　北京家庭农场发展的必要性分析

家庭农场作为新型农业经营主体之一，是农业生产力发展与农业家庭经营生产关系相协调的必然产物，是农业家庭经营制度的完善和创新。一方面，城乡一体化进程中，相关制度与政策、信息、技术、资金、物流等方面的快速发展，有力支撑了家庭农场的适度规模经营。例如，农村社会保障制度的完善、不断创新与提升的技术、良好的基础设施为保障农民权益、提高农民经营家庭农场积极性等提供了有效支撑。另一方面，家庭农场的可持续发展为有效推进农业产业转型升级、集约节约利用土地、促进农村剩余劳动力转移、农村社会经济的发展奠定了坚实基础，也是城乡一体化发展的关键，是推动城乡一体化的重要路径。自家庭农场建设正式被写入党的十七届三中全会文件以来，连续出现在近几年的中央一号文件中。2013年，中央一号文件提出，鼓励和支持承包土地向专业大户、家庭农场、农民合作社流转。2014年，中央一号文件要求加快探索建设家庭农场，全国范围内形成了探索推进家庭农场发展的热潮。

北京发展家庭农场势在必行，它既是响应国家实现农业现代化的要求，也具备了发展家庭农场的条件，同时在技术、资金等方面具备了其他地区无法比拟的优势。

一、实施乡村振兴战略实现农业现代化的需要

党的十九大提出实施乡村振兴战略，推进农业农村现代化。家庭农场作为新型农业经营主体之一，是乡村振兴战略大力培育发展的对象，乡村振兴战略一方面强调提高农业经营主体的专业化、规模化、组织化水平，发展多种形式的适度规模经营；另一方面要通过发展农民合作组织、一体化经营组织和健全社会化服务体系，实现小农户和现代农业发展有机衔接。

二、家庭农场是北京都市型现代农业的有效实现形式之一

北京市委市政府贯彻落实中央一号文件精神，根据北京农业发展规律提出发展都市型现代农业，并作为推进北京市社会主义新农村建设的首要任务。

北京的都市型现代农业，是与首都功能定位相契合，以市场需求为导向，以科学发展理念为指导，以现代物质装备和科学技术为支撑，以现代产业体系和经营形式为载体，以现代新型农民为主体，融生产、生活、生态、示范等多种功能于一体的现代化大农业系统，目标是形成优良生态、优美景观、优势产业、优质产品。与传统农业相比较，都市型现代农业具有一些突出特点。

一是发展导向的差异性。传统农业侧重于以生产者为出发点，都市型现代农业，更加突出了满足城市发展要求和市民消费需求的导向，进而提高经济效益，实现农民增收。这种发展导向连接了城乡，拉动了消费，促进了生产。

二是农业功能的多样性。传统农业主要是满足食品需求，体现的是生产、经济功能。而都市型现代农业除生产、经济功能外，同时具有生态、休闲、观光、文化、教育等多种功能。而且随着工业化、城市化的进程，都市型现代农业的生态、生活功能将会日益突出和强化。

三是产业之间的融合性。传统农业是封闭循环的产业，都市型现代农业是开放循环的产业。经济社会发展，城乡要素流动，第一产业必然向二三产业延伸，二三产业自然反哺农业，这种你中有我、我中有你的产业互相促进，恰恰是都市型现代农业的重要特征。

发展都市型现代农业，关键是要着力开发农业的多种功能，向农业的广度和深度拓展，促进农业结构不断优化升级，实现质量和效益的提高和统一。一是开发生产功能，发展籽种农业。北京是全国种质资源中心，育种机构众多，每年新育成各类作物品种 400 个左右，建有我国唯一的肉用种鸡原种场，拥有我国唯一自主知识产权的蛋鸡品种，鲟鱼和虹鳟鱼良种繁育水平全国领先，其中鲟鱼种苗在全国市场占有率达到 70% 以上。二是开发生态功能，发展循环农业，如发展沼气、秸秆汽化和生物质能燃料。三是开发生活功能，发展休闲农业。到农村旅游观光、休闲度假，了解农业知识，体验农耕文化，在人均 GDP 6 000 美元的阶段，已经不再只是一种时尚，而是一种生活需求。农业已经不仅是农民赖以生存的基础，而是市民生活不可缺少的一部分。四是开发示范功能，发展科技农业。要超前发展精准农业，加快精准农业的推广和普及，要大力发展创意型农业，提高农产品的观赏性和附加值，要发展体现先进技术与经营理念的农业科技园，如锦绣大地、小汤山农业园、顺义"三高"、朝阳"蟹岛"、世界花卉大观园等，在生产高品质农产品的同时，成为现代农业的示范窗口。

都市型现代农业的发展必须依托农业经营主体，目前常见的几种农业经营主体包括专业大户、家庭农场、农民专业合作社、农业产业化龙头企业、农业园区等。

专业大户是指围绕某一种农产品从事专业化生产、承包的土地达到一定规模、家庭成员是农业生产能手的农户，仅关注农业生产功能，农业功能单一，不适合北京都市型现代农业发展。

农民专业合作社是在农村土地家庭承包经营基础上，同类农产品的生产经营者或者同类提供农业生产经营服务者，自愿联合、民主管理的互助性经济组织，它既不改变原有农民与土地的关系，也不改变农民原有的土地经营规模和生产品种，社员农户还是停留在自有承包土地上进行生产，土地分散且面积小，难以提高农业劳动生产率。

农业产业化龙头企业是指以农产品加工或流通为主，通过各种利益联结机制与农户相联系，带动农户进入市场，使农产品生产、加工、销售有机结合、相互促进，在规模和经营指标上达到规定标准并经政府有关部门认定的企业，企业、农户地位不平等，难以形成良性、有效的利益共享、风险共担的机制，双方地位不平等使得在农产品市场波动时企业为了自身损失最小化把风险转移给农户，损害农户利益。另外，农户只获得农产品价格的收入却没法获得企业在农产品加工、销售过程的增值额，造成利益分配不均。农户在生产经营过程中没有参与权和知情权，使农户和相关部门很难对公司的行为进行有效的监督和控制。企业因监管成本过高的原因，无法监督农户的生产过程。公司与农户的利益独立，在不完全的市场条件下，信息的不完全与不对称极易导致作为"契约人"的公司和农户做出为了自身利益而不惜损害另一方的利益的随机应变、投机取巧、不诚实乃至欺骗等行为。例如，公司为取得垄断利润联合起来恶意压低农产品价格，农户为提高收入在农产品质量上作假。北京发展都市型现代农业不仅解决农民增收问题，而且需要形成优良生态、优美景观、优势产业和优质产品，农业产业化龙头企业不能完全满足北京都市型现代农业的发展要求。

农业产业园区是指现代农业在空间地域上的聚集区。它是在具有一定资源、产业和区位等优势的农区内划定相对较大的地域范围优先发展现代农业，由政府引导、企业运作，用工业园区的理念来建设和管理，以推进农业现代化进程、增加农民收入为目标，以现代科技和物质装备为基础，实施集约化生产和企业化经营，集农业生产、科技、生态、观光等多种功能为一体的综合性示范园区，是农业示范区的高级形态。按照土地利用状况划分为以下几种。

1. 种植类农业园区

这类农业园区包括花卉园区、苗木园区、种子园区、大棚蔬菜园区。其用地基本上是租用农村集体土地，在种植区内一般没有固定的建构筑物，没有破坏耕地的耕作层，土地用途没有改变，仍属农用地。这类农业园区引进高科技对传统种植业进行改造和调整。园区建设规模大、标准高，对当地农业起到了示范和辐射作用。这类农业园区除种植基地外，建有与之配套的农产品集散地、花卉展示交易厅、蔬菜批发市场、农产品深加工工厂、科研所等建设项目，这些场所用地虽然占园区面积比例不大，但是标准高、投入大，是农业园区建设的重要组成部分。

2. 养殖类农业园区

这类农业园区包括养猪（牛、羊）场、养鸡（鸭）场、养鱼（虾、蟹）塘等。其用地大部分是租用农村集体土地，尤其以转包农民承包地居多。各种养殖场按照标准化建设的要求，大多远离村庄，养殖场之间有1千米左右的间隔距离，场内的畜禽棚房之间也有一定距离的隔离带。这类农业园区建有标准化的畜禽饲养棚房、饲料储备房和管理人员看护房，生产和配套设施多，园区占地面积大，场地硬化比例较高，建筑密度较大。

3. 旅游观光类农业园区

这类农业园区主要包括农业观光园区、休闲农业园、采摘农业园、生态农业园、民俗观光园、保健农业园、教育农业园等。它主要依托发展高科技农业种植、现代化养殖来吸引旅客观光休闲，固定建筑物占园区总面积一半以上，除种植、养殖用地外，园区其他用地全部硬化。这类农业园区的主要盈利是参观园区门票、住宿、餐饮等收入。

农业产业园区占地规模大，资金投入高，是现代农业的示范窗口，北京地形复杂，深山区、浅山区、平原交错分布，其中山区占全市面积的62%，农业用地资源有限。北京市统计资料显示，2014年北京乡镇及行政村常住户数为225.2万户，耕地面积22.1万公顷，因此大规模建设农业产业园区并不适合北京都市现代农业发展的实际情况。

通过以上分析，家庭农场适度规模经营、产业多元性、功能多样性等特点是北京都市型现代农业的有效实现形式。

第二节　北京家庭农场的含义及特征

一、北京家庭农场的内涵

在西方，家庭农场强调规模大，一个农场可能有上千亩的土地经营面积，但我国人多地少，家庭农场只能适度规模经营，早期家庭农场以江浙地区种植业专业大户为典型代表，目前国内家庭农场的定义多源于此。

在都市农业背景下，北京因区位、经济发展水平和农业用地规模等的不同，家庭农场内涵有其特殊性。北京家庭农场是在都市农业背景下，以家庭成员为主要劳动力，以土地适度规模经营和集约化生产为基础，发展现代农业产业，以农业生产为基础兼顾观光休闲、生态旅游等农业非生产性功能的现代农业经营组织形式。

二、北京家庭农场的特征

北京家庭农场具有如下特征：一是劳动力以家庭成员为主，在农忙季节雇用一些临时工，但数量不会超过家庭成员人数；二是土地适度的规模化经营，土地经营面积大小根据家庭成员人数、生产技术水平、土地资源条件的差异有所不同；三是采用先进的国际或国家质量标准进行生产经营，可以注册商标，产品经济效益较高；四是采用现代农业设备和技术，产品的技术含量较高；五是以农业生产功能为基础，兼顾观光休闲、生态旅游等多种功能。

第三节　北京家庭农场发展的条件

家庭农场作为一种新型农业经营主体，是适应新时期经济发展需要而产生的，它的产生需要具备一定的条件。目前家庭农场在全国进行试点和推广，一些地区或城市在正确分析自身土地、劳动力、资金、技术、经济发展水平等方面的基础上，形成各具特色的成功案例。因此，客观、公正地认识家庭农场发展的有利、不利条件，有利于探索出符合当地实际情况的特色发展之路。

一、发展家庭农场的有利条件

（一）北京农民非农就业水平高

北京作为全国的政治、文化、经济中心和国际化大都市，第三产业非常发达，产生了大量的非农就业机会，相比务农收入，京郊农民更愿意外出打工从事制造或服务业获取更高的收入，为土地的规模化经营创造了条件，非农就业水平可以体现在农民的工资性收入上，工资性收入越多和工资性收入占可支配收入的比重越高，非农就业水平就越高。据统计数据分析，北京非农就业水平大大高于全国平均水平，2017—2019 年北京农民工资性收入逐年增长，从18 223 元增长到 21 376 元，年平均增长率超过 8%，每年工资性收入的绝对值是全国平均水平的 3 倍多，北京工资性收入占可支配收入比重均超过 70%，大大高于全国平均水平，全国平均水平仅为 41% 左右。可见，北京农民非农就业水平是非常高的（表 2-1）。

表 2-1　北京农村居民家庭人均工资性收入情况（2017—2019 年）

	2017 年			2018 年			2019 年		
	工资性收入（元）	可支配收入（元）	工资性收入占可支配收入比重（%）	工资性收入（元）	可支配收入（元）	工资性收入占可支配收入比重（%）	工资性收入（元）	可支配收入（元）	工资性收入占可支配收入比重（%）
北京	18 223	24 240	75.2	19 827	26 490	74.8	21 376	28 928	73.9
全国	5 498.4	13 432.4	40.9	5 996.1	14 617	41.0	6 583.5	16 020.7	41.1

数据来源：中国统计年鉴（2020 年）、北京统计年鉴（2020 年）。

（二）北京农业紧密依托首都功能定位发展都市型现代农业，打造特色和品牌，培养了一大批农业生产专家和能手

"十一五"期间，北京大力发展籽种农业、观光农业、设施农业、农产品加工业等都市型现代农业特色产业，基本建立起都市型现代农业产业体系。粮食作物播种面积稳定在 330 万亩左右，蔬菜播种面积稳定在 120 万亩左右，果树面积达到 246 万亩，花卉种植面积 6.7 万亩，不仅成为首都重要的"菜篮子"农产品生产基地，也构成了首都的生产性绿色空间。养殖业布局和结构更加合理，商品畜、禽、鱼生产比重下降，畜禽良种、水产种苗比重显著上升，并基本形成以标准化规模饲养为主的"三带多品群"格局，产业化水平进一

步提高。北京种业快速发展，成为都市型现代农业的重点产业。2010年种业生产性收入达14.6亿元，比2005年增长1.52倍；种业销售额达60亿元，较2005年增长36%。大力发展设施农业，2010年年末，设施农业面积达到27.48万亩，初步形成了"两区、两带、多群落"的新布局，产值达40.7亿元，比2005年增长了82.1%，成为农民增收的支柱产业。

"十二五"期间，耕地稳定在330万亩左右，基本农田稳定在280万亩以上，其中粮食占耕地面积稳定在200万亩左右，粮食总产量达到110万吨以上；菜田占耕地面积稳定在70万亩（其中设施蔬菜总面积35万亩），蔬菜年总产量达到450万吨；蔬菜自给率提高到35%，禽肉、禽蛋、牛奶的自给率分别达到70%、66%、68%以上，猪肉自给率达到30%，水产品自给率达到15%。

"十三五"期间，北京都市现代农业仍然是首都鲜活安全农产品供给的基础保障，2万亩畜禽养殖、5万亩渔业、70万亩菜田、80万亩粮田组成的"2578"格局是北京农业的主战场。粮经产业重点打造"三块田"（籽种田、景观田、旱作田），着力提升综合生产能力、生态服务能力和景观服务能力。平原区以节水、高效、种养结合为目标，着力发展小麦玉米籽种、饲草、大田景观等作物种植；半山区以调整优化产业结构为目标，着力发展玉米、杂粮等特色经济作物种植；山区以推进沟域景观化为目标，着力发展生态作物和景观作物种植。蔬菜产业重点打造"三类园"（规模化蔬菜专业镇、特色蔬菜专业村、园艺化蔬菜生产园），着力发展具有北京地域特色、高附加值或不耐长途运输的蔬菜生产，资源利用率低的蔬菜生产方式逐步退出；城市周边建设以休闲为主的现代都市蔬菜体验展示区；南部的大兴、房山等区形成以冬淡季设施蔬菜生产为主的京郊蔬菜主导产区；北部的延庆、怀柔、密云、昌平和门头沟等区重点发展喜冷凉蔬菜，将其建设成北京市夏淡季蔬菜供应生产区；通州、顺义、平谷强化蔬菜品牌培育和深加工，形成北京市特色、精品、高档蔬菜产品优势区。

农业科技推广机制不断创新。围绕食用菌、西甜瓜、生猪、奶牛、鲟鱼等主导产业和特色产业，组织实施科技入户，促进了新品种与新技术的推广与应用。以果类蔬菜、生猪和观赏鱼3个产业为重点，推进了现代农业产业技术体系北京市创新团队建设；开办农民田间学校627所，启动"林果乡土专家行动计划"。累计培养学员2万余人，乡土专家480名，带动农民达5万户。农民的综合素质、技术创新与应用能力，农业的辐射带动能力和增收致富能力都有显著提高。

积极开展首都农业品牌建设，推动龙头企业上市，顺鑫、三元、德青源、大发、华都等都已成为国家级龙头企业和全国知名品牌。产业融合速度加快，休闲农业、创意农业、农产品流通业、会展农业等融合性产业得到发展，成功举办了第七届中国花卉博览会，成功申办并积极筹备 2012 年第七届世界草莓大会、2019 年世界园艺博览会，融合性产业成了农业新的增长点。

（三）农民接受教育程度高

根据 2014 年全国人口变动情况抽样调查数据，2014 年北京 60 岁及以上人口 16 828 人，其中未上过学 295 人，小学程度 1 772 人，初中程度 4 658 人，高中程度 3 684 人，大专及以上 6 429 人，他们的人数占比分别为 1.8%、10.5%、27.7%、21.9% 和 38.2%，初中及以上人数占比达到 87.7%，比全国平均水平 68.4% 高很多，而未上过学的人数占比比全国平均水平 5.4% 低很多。因此北京郊区农民整体受教育程度相对较高。

（四）农产品市场化程度高

农产品市场化水平取决于两方面，一是农产品具有市场竞争地位，即有销售市场；二是具备农产品销售渠道，即有销售通道。北京定位在都市现代农业，发展的是高端高效农业产业，不仅在北京拥有潜力巨大的高端消费市场，而且在国际、国内市场上都很有竞争实力，如平谷大桃已经注册为国家地理标志，远销国外市场。北京很注重农产品销售渠道建设，现有九大农产品批发市场：新发地、岳各庄、大洋路、顺义石门、通州八里桥、锦绣大地、昌平水屯、回龙观和中央农产品批发市场，政府采取多种方式对现有九大批发市场进行合理梯度调整，在基础设施、技术、管理等方面提升水平，提供农产品物流信息查询、智能配送、货物跟踪等物流信息服务，建立与国内国际贸易相适应的农产品市场流通体系；形成政府可调、及时联动、布局合理、水平先进的批发市场网络。随着城市功能的调整，一些批发市场开始外迁向五环外发展，同时在五环外东南方向又新建功能完善、设施齐全、公益性强的现代化全市大型综合农产品市场，建立了完善的农产品流通体系。北京市建设了覆盖鲜活农产品生产、加工、运输、销售全过程的新型鲜活农产品流通网络，提高鲜活农产品流通效率和质量安全水平。大力推进从鲜活农产品生产基地到批发市场、超市的冷链系统、物流配送系统和快速检测系统建设，规范流程、打通通道、促进对接。支持大型农产品连锁超市在生产基地建设鲜活农产品冷链物流中心，鼓励建设电子交易系统及交易信息发布平台，推进农业市场化建设。除了上述销售渠道外，北京大力发展会展农业，2012 年世界草莓大会、国际食用菌大会和 2014 年世界种子大会、世界葡萄大会，不仅为农产品提供了展示平台，也大大促进了农产品的市场化进程。

（五）农业现代化技术应用水平高

"十一五"期间，北京市耕种收综合机械化水平从 40% 左右提高到 63.85%，设施、植保和畜牧生产的农机装备水平稳步提高。"十二五"期间，新建基础完善、装备现代的基本农田 150 万亩，基本农田建设与综合开发达到 210 万亩。农田水利设施基本配套，节水灌溉面积占灌溉面积的比例达到 95%；农作物重大病虫草害专业化防治比率由目前 8% 提高到 30%，灌溉水利用系数由 0.67 提高到 0.7；全市耕种收综合机械化水平达到 70% 以上，粮食作物生产全程机械化，农业生产基本实现现代化。到 2020 年，北京农业科技贡献率达到 75%，土地产出率达到 3 125 元 / 亩，劳动生产率达到 6 万元 / 人，农业用水效益达到 50 元 / 立方米。

（六）农业社会化服务体系较完善

农业社会化服务体系是指为农业产前、产中、产后各个环节提供服务的各类机构和个人所形成的网络，包括政府公益性机构、农业合作组织、农业科研院校、农业企业等提供主体。北京市作为全国的科技、教育中心，农民专业合作社、农业科研院校和农业龙头企业为家庭农场的发展提供了较完善的农业社会化服务体系。北京市农民专业合作社在有利的政策环境支持下，特别是 2010 年 3 月 1 日《北京市实施〈中华人民共和国农民专业合作社法〉办法》以来，进入了快速发展时期。2014 年 12 月，北京市农民专业合作社 6 044 家，比 2013 年增加 378 家，平谷区、密云县（2015 年 11 月改为密云区）两个区县的合作社达到了 1 100 多家。这些合作社的总资产有 70 亿元，2014 年销售收入达到 101.3 亿元，实现盈余 9.3 亿元，给社员二次返还 4.3 亿元，分红 1.6 亿元。北京科技资源丰富，中央在京农业科研单位有 25 家，全国 18 个国家重点农业实验室中有 11 个在北京，市农业科研单位有 44 家，农业科研人员达 2 万人。北京有一大批农业龙头企业，如首农集团、顺鑫农业、中粮集团等，形成了"公司＋农户"，或"公司＋农民专业合作社＋农户"的合作机制，提供了较为完善的农业社会化服务体系。

（七）有相关的资金和政策扶持

北京市政府投入农业的力度不断加大。政府固定资产投资投向郊区的比例保持在50%以上，各项强农惠农政策不断推陈出新，实施了粮食直补、良种补贴、奶牛补贴、种猪补贴、农资综合补贴、农机具购置补贴，在全国率先建立起农田生态补偿制度。

为引导家庭农场规范有序发展，北京市制定了有关政策意见。一是制定下发了《关于引导规范家庭农场健康发展的通知》，进一步明确北京市家庭农场的基本特征、鼓励开展试点的基本原则。二是贯彻《中国人民银行关于做好家庭农场等新型农业经营主体金融服务的指导意见》，会同中国人民银行营业管理部、北京银监局共同出台《关于扎实做好新型农业经营主体金融服务、大力推动北京农业现代化发展的意见》，并组织有关金融机构开展家庭农场、合作社等新型经营主体金融需求调研。通州、房山、大兴、昌平等区县按照农业部要求，在市农委指导下积极探索家庭农场发展模式，组织做好监测数据采集等工作。其中，房山区成立了家庭农场建设工作领导小组，统筹协调推进家庭农场建设工作。起草制定的《房山区家庭农场试点建设工作实施意见（试行）》精神，确定了农户自愿、试点先行、稳步推进、规范发展、先易后难、自下而上、政策集成、典型示范的发展思路，制定了试点先行、示范带动、规范发展的工作目标，明晰了"四有""四化""四统一"的建设内容及标准。

二、发展家庭农场的不利条件

（一）农作物土地经营规模小

北京市土地面积16 808平方千米，山区面积占62%。统计资料显示，2014年北京市农作物播种面积为20.0万公顷，仅占1978年农作物播种面积69.1万公顷的30%左右，说明随着北京城市化进程的推进，农村耕作土地急剧减少。同时乡村人口也在发生变化，2014年北京市乡村人口为294万人，占总人口的13.65%，比2000年北京市乡村人口增加18.7万人，因此随着农村耕地面积的减少和乡村人口的增加，北京农村农作物土地经营规模呈现下降趋势，2014年按每个乡村人口农作物播种面积计算仅有0.07公顷。

新形势下，北京农业发展在自然资源、市场竞争等方面面临的压力更加明显。在《北京市"十三五"时期都市现代农业发展规划》中，农业生产空间不断调减，粮菜占地规模由 230 万亩减少到 150 万亩，2 万亩畜禽养殖、5 万亩渔业、70 万亩菜田、80 万亩粮田组成的"2578"格局成为未来北京农业的主战场。

（二）土地流转费高

农业部 2014 年家庭农场的监测数据显示，有效样本家庭农场流入地的平均租金为 501.01 元 / 亩。抽取北京的 28 个家庭农场样本（表 2-2）可以看出，北京每亩土地租金成本都在 300 元以上，租金成本在 500 元 / 亩的比例达到 56.25%，高于全国平均水平 36.27%，租金成本在 1 000 元 / 亩的比例高达 31.25%，可以看出北京每亩土地租金成本高于全国平均租金的比例达到了 87.5%。

表 2-2　2014 年北京及全国转入土地不同租金分段的家庭农场比例

省（区、市）	[0,40) 元	[40,100) 元	[100,200) 元	[200,300) 元	[300,400) 元	[400,500) 元	[500,1 000) 元	≥ 1 000 元
北京（%）	0.00	0.00	0.00	0.00	6.25	6.25	56.25	31.25
全国（%）	19.39	1.46	3.63	9.48	10.57	10.14	36.27	9.06

随着退耕还林、农村土地承包经营权确权登记、城乡一体化进程的推进，北京土地租金成本还在进一步上涨，造成土地流转障碍。

（三）第一产业从业人员数量少

北京作为全国的政治中心、文化中心、国际交往中心、科技创新中心，为劳动力提供了大量非农就业机会，造成第一产业从业人员逐年流失，留下来的基本上都是老人、妇女，大部分年轻人都进入第三产业工作。北京统计资料显示，2014 年第一产业从业人数是 52.4 万人，在三次产业从业人数占比为 4.5%，而第三产业从业人数达到 894.4 万人，在三次产业从业人数占比为 77.3%。2019 年第一产业从业人数下降至 42.4 万人，在三次产业从业人数占比仅为 3.3%，而第三产业从业人数上升至 1 058.1 万人，在三次产业从业人数占比增加至 83.1%（表 2-3）。通过分析可以看出，留在第一产业的从业人员数量太少，造成人才缺乏，不利于第一产业的发展，对家庭农场未来的人才培养也不利。

表 2-3　三次产业从业人员年末人数及构成（2014—2019 年）

年份	从业人员年末人数（万人）				构成（%）（合计 =100）		
	总数	第一产业	第二产业	第三产业	第一产业	第二产业	第三产业
2014	1 156.7	52.4	209.9	894.4	4.5	18.2	77.3
2015	1 186.1	50.3	200.8	935.0	4.2	17.0	78.8
2016	1 220.1	49.6	193.0	977.5	4.1	15.8	80.1
2017	1 246.8	48.8	192.8	1 005.2	3.9	15.5	80.6
2018	1 237.8	45.4	182.2	1 010.2	3.7	14.7	81.6
2019	1 273.0	42.4	172.5	1 058.1	3.3	13.6	83.1

数据来源：北京统计年鉴 2020。

（四）家庭农场起步晚

我国各地区推行的家庭农场于 2003 年开始试点，2013 年在全国范围内开始推广，北京家庭农场起步晚，于 2014 年才开始试点，家庭农场的发展还需要很长一段时间的摸索。

（五）劳动力老龄化，家庭农场缺少接班人

传统专业大户的劳动力大多年龄为 60 岁左右，其后代很少子承父业。

第四节　北京家庭农场发展现状及问题

2014 年，北京市积极开展家庭农场培育工作。为引导家庭农场规范有序发展，北京市制定了相关政策及发展意见。通过制定下发《关于引导规范家庭农场健康发展的通知》，进一步明确北京市家庭农场的基本特征、鼓励开展试点的基本原则。结合中央对家庭农场的要求和当前北京实际，对试点的选择主要考虑以下几个方面的因素：一是属于节水农业、生态农业，符合北京都市型现代农业发展方向，处于农业要保留发展的重要区域；二是以种植业为农业主导产业，便于推广适合家庭经营的适度规模经营；三是已经完成土地确权，基本还是原承包户一家一户经营，村集体将一定规模的土地集中流转起来；四是周边地区有二三产业可以接纳农民转移就业；五是有一定数量种植能手、农机好手，对农业有感情、还愿意继续专门从事农业生产的农户，能够形成一定的竞争机制。

一、基本情况

2013 年中央一号文件首次提出家庭农场，它是指以家庭成员为主要劳动力，从事农业规模化、集约化、商品化生产经营，并以农业收入为家庭主要收入来源的新型农业经营主体。北京家庭农场起步晚，2014 年北京市认真贯彻落实中央一号文件，按照《农业部关于促进家庭农场发展的指导意见》要求，积极开展家庭农场培育工作，在通州区潞县镇黄厂铺村开展家庭农场试点。北京家庭农场虽然处于起步阶段，但通过对试点农场的调研发现，北京家庭农场具备了一些自身的发展特点。第一，村组织与农机公司合作为家庭农场的播种、收割等环节提供服务，家庭农场基本实现了机械化作业；第二，家庭农场以夫妻双方为主要劳动力，伴随着家庭其他成员的短期劳动；第三，村组织将土地集中流转给具有家庭农场经营能力的农户，主要是种植小麦、玉米（青贮），种植规模平均在 180 亩左右，实现了规模化粮食种植；第四，地处北京都市农业圈内，家庭农场同时具备都市型现代农业特征，即"生产、生态、示范、节水"等；第五，目前仍处于政府试点扶持阶段，是强制性变迁的结果，未来随着家庭农场的推广与发展，北京家庭农场将实行强制性制度变迁与诱致性制度变迁相结合的方式。

2017 年，北京市认真贯彻落实"中央一号文件"，按照农业部《关于促进家庭农场发展的指导意见》（农经发〔2014〕1 号）要求，积极开展家庭农场培育工作。2017 年，在农业部农村经济体制与经营管理司委托中国社会科学院农村发展研究院开展家庭农场监测工作中，针对北京 10 个远郊区调查，共有 207 家家庭农场，从收入情况看，年均农业生产净收入约为 18.26 万元，从人均收入看，有近 30% 的家庭农场的人均可支配收入未达到全市平均水平 20 569 元。2018 年，在总结试点工作经验中明确表示，虽然取得了一定成效，但从全市范围看，发展家庭农场还面临诸多限制因素，推进速度比较慢。

二、北京家庭农场的政策现状

北京家庭农场目前还处于起步阶段，它获得长远发展需要提高人力资本、土地资本和金融资本的利用效率，尤其在家庭农场发展初期更需要政策的支持。北京市为引导家庭农场规范有序发展，在贯彻执行国家部门制定的相关政策基础上还制定了有关政策意见。

一是制定下发了《关于引导规范家庭农场健康发展的通知》，进一步明确北京市家庭农场的基本特征、鼓励开展试点的基本原则。

二是贯彻《中国人民银行关于做好家庭农场等新型农业经营主体金融服务的指导意见》，会同中国人民银行营业管理部、北京银监局共同出台《关于扎实做好新型农业经营主体金融服务、大力推动北京农业现代化发展的意见》，并组织有关金融机构开展家庭农场、合作社等新型经营主体金融需求调研。

三是制定下发了《北京市开展农业"三项补贴"改革工作实施方案》，将农业"三项补贴"调整为农业支持保护补贴，资金主要用于支持耕地地力保护和粮食适度规模经营，明确粮食适度规模经营，支持对象是种粮大户、家庭农场、农民合作社和农业社会化服务组织等新型经营主体，支持方式有三种，即支持建立健全农业信贷担保体系；贷款贴息；采取"先服务后补助"、提供物化补助等方式支持重大技术推广与服务补助。

四是制定了《关于实施家庭农场培育计划的指导意见》，从总体要求、完善登记和名录管理制度、强化示范创建引领、建立健全政策支持体系、健全保障措施五大模块细化了 24 个方面的内容，提出到 2020 年支持家庭农场发展的政策体系基本建立，管理制度更加健全，指导服务机制逐步完善，家庭农场数量稳步提升，经营管理更加规范，经营产业更加多元，发展模式更加多样。到 2022 年，支持家庭农场发展的政策体系和管理制度进一步完善，家庭农场生产经营能力和带动能力得到巩固提升。

2015 年初，北京市农委对 2014 年开展家庭农场试点工作扎实、成效明显的通州区、房山区分别给予 200 万元、100 万元工作创新奖励。其中，房山区成立了家庭农场建设工作领导小组，统筹协调推进家庭农场建设工作。起草制定的《房山区家庭农场试点建设工作实施意见（试行）》精神，确定了农户自愿、试点先行、稳步推进、规范发展、先易后难、自下而上、政策集成、典型示范的发展思路，制定了试点先行、示范带动、规范发展的工作目标，明晰了"四有""四化""四统一"的建设内容及标准。在尊重农户意愿的基础上，区主管部门及试点乡镇做好产前、产中、产后的指导和服务工作。统一考核验收二区主管部门定期开展阶段性验收工作，年底组织开展全面的年度考核验收工作。在此基础上，房山区为试点农场制作了统一的家庭农场标牌。

三、北京试点家庭农场典型案例分析

北京家庭农场起步较晚，虽然对家庭农场还没有统一的认定标准，但发展速度较快。从目前北京家庭农场的发展情况来看，主要表现为两种形式：一种形式是以政府扶持为主，以种植业为农业主导产业，发展适度规模经营，如自 2013 年开始北京市陆续在房山、通州等区县试点的家庭农场；另一种形式是以市场力量为主导自发形成，以农业种植、养殖为基础，一二三产业融合发展，如通州布拉格农场、北京尚大沃联福农场、北京归原生态农场等。

（一）房山区试点家庭农场成效及问题分析

房山区 2013 年选定琉璃河镇立教村、白庄村、常舍村、务滋村的 5 个农户作为家庭农场试点。这 5 个试点的农户基本都是区里的种粮大户，耕种面积多为 300 亩以上，有的甚至达到 800 亩。

房山区设定的家庭农场试点界定标准是，家庭农场经营者应具有试点乡镇农村户籍，以家庭成员为主要劳动力，即除季节性雇工外，常年雇工数量不超过家庭务农人员数量，以农业收入为主要收入来源，农业年度净收入占家庭农场总收益的 80% 以上。土地经营面积达到 100 亩以上。而家庭农场的上限是多少，则没有一个明确的数字。

1. 试点家庭农场的成效

例如，范连成经营的家庭农场是房山区琉璃河镇 5 个试点家庭农场之一，耕种着村里的 800 亩土地。这些土地都是村里农民由于种种原因流转到村委会的，村委会再让想耕种的农户按照市场方式公开竞拍，范连成这些地都是竞拍得来，在种粮大户中数量占优势。范连成具有本村户籍，与老伴儿以及女儿和女婿 4 个人都以务农为生。被选为试点之后，政策的倾斜和补助多一些，除了在科技扶农方面会被优先考虑外，还有望在生产经营方面得到一些经济补贴，例如他现在打农药也可以享受减免费用等优惠。虽然在家庭经营收入上没有明显增加，但有助于抵抗外来资本，同时有助于保证粮食产量。

房山区对试点家庭农场的政策倾斜，让部分农户对低调运行的试点充满羡慕，区里 50 多个种粮大户基本都表示过想被选为试点家庭农场的意愿，他们中有的符合家庭农场的标准和要求，但因名额有限没被挑选上，而另外一些农户，本身并不符合家庭农场要求，但也询问过能否放宽试点家庭农场的准入标准，从而也想跻身试点范围享受政策优惠。

2. 房山区试点家庭农场存在的主要问题

在房山区的试点实践中，对家庭农场的政策倾斜对于提高农民收入来说有帮助，但暂时还没有大幅度提高。政策红利还没有在收入层面得到明显释放，而如果收入没有得到明显提高，政策对于更多人的吸引力可能会被削弱。存在的主要问题集中在以下几个方面。

第一，产业结构单一。目前的试点政策要求家庭农场只能用来种粮食，而不能种植蔬菜、瓜果、草坪等附加值较高的作物。如果可以从种植粮食扩展到养殖、菜园、采摘园，以及跟旅游相结合的家庭民俗观光旅游等多维度、附加值高的发展方向，可以有效提高农民收入，增强这一模式的吸引力。

第二，土地租金成本和自然灾害风险阻碍耕种规模的进一步扩大。以范连成经营的家庭农场为例，从几年前的每亩成本五六百元，涨至每亩成本1 200元，这样的价格让他有些吃力，按照目前的地租和投入成本，他个人一年收入也就5万多元，如果地租再上涨，他的净收入还会下降，如果遇到自然灾害等原因导致收成不好，甚至还有可能亏本。为了应对土地租金上涨和自然灾害风险，农场主可能会减少耕种规模。

第三，土地经营模式变化不大。范连成虽然经营土地面积达到800亩，但对土地的经营方式与土地面积100亩时没什么变化，种植的粮食品种一样，平时以自己、老伴、女儿和女婿4个人在家务农，除农忙时节会一天雇用三五个短工外，常年基本没有雇工的情况。

第四，土地经营"适度规模"不好界定。房山区琉璃河镇立教村、白庄村、常舍村、务滋村的5个试点农户基本都是区里的种粮大户，耕种面积多为300亩以上，有的甚至达到800亩。家庭农场的规模到底多大合适？"适度规模"并没有一个明确的量化指标。

（二）通州区试点家庭农场成效及问题分析

2014年，北京市选取通州区黄厂铺村开展试点，全村共779户，人口2 060人，农业人口1 400人，村域面积6 960亩，其中耕地面积4 838亩，人均占有土地2.3亩。家庭农场试点区域种植面积1 362亩。村集体将试点区域划分为8个地块，其中面积最大地块208亩、最小124亩，从本村招募8户农户经营家庭农场。每年种植小麦、玉米两茬。按照适度规模经营、标准化农业生产需要，家庭农场的经营规模控制在180亩左右。

1. 试点家庭农场的成效

（1）土地利用率得到提高。村集体组织8户农场主进行统一规划、集约经营，通过整理土地、夷平田埂，种植面积增加 10%；通过优选品种、规模种植，亩均增产 10% 以上。

（2）劳动生产率得到提高。通过规模化生产、机械化作业、社会化服务，每户农场 2～3 人即可完成生产任务。这 8 户农场主一业为主、专业生产，生产效率大幅提高。另外 185 户承包户彻底脱离兼业化的农业生产，向二三产业转移。

（3）资源利用率得到提高。加大农业投入，自购移动式喷灌设备，实施水肥一体化灌溉，每亩用水量约为 160 立方米，比采用管灌方式节水 40%。采取测土施肥技术，肥料施用量减少了 10%～20%。

（4）农民收入得到提高。主要体现在"一增一节"上，2015 年夏粮亩产 1 000 斤，亩均增产 100 斤，增收 113 元/亩；玉米亩均增 450 株，增收 110 元/亩；机械化收割夏玉米，每株多收 0.3 斤，亩增重 1 350 斤，增收 189 元/亩。

（5）惠农政策推行和技术服务及工程对接。黄厂铺村将原来 193 户、737 人经营的土地 1 362 亩流转到 8 户后，生产经营主体更加突出，便于粮食直补、良种推广和综合植保服务等各种惠农政策措施统一管理，综合施策，放大政策效应。北京市农林科学院实施的"双百对接"科技能力提升工程与黄厂铺村家庭农场进行了对接；区政府安排节水灌溉工程；区农技推广站开展小麦墒情和苗情动态调查测报，指导农场主春季小麦水肥促控和麦田杂草的防治；区植保站发放化肥和农药。

（6）农场主经营管理水平的提高。被选定为北京市农委试点的 8 户家庭农场主都是当地的种植能手，但其文化水平较低。为提高生产经营管理水平，在村镇等农业单位的帮助下，农场主积极参与各类技术培训，每人平均参与培训学习 3～4 次/年，并与农科院、技术推广站等学习小麦栽培新技术，到房山窦店镇集体农场、顺义设施农业进行参观学习，部分农场主购买喷灌设备，采用水肥一体化的方式对小麦进行越冬水灌溉和春季起身水灌溉，提高了水资源利用率。在一次次的学习交流中，各农场主的经营管理水平和思想理念有了一定的提升。

2. 通州区试点家庭农场存在的主要问题

（1）北京土地流转费较高，家庭农场自主发展的内生动力不足。2011 年北京市 33 个监测点农村土地流转平均价格为 1 283 元/亩，基本农田平均流转价格为 1 114 元/亩，一般耕地为 1 526 元/亩，通州区平均流转价格为 1 292 元/亩，家庭农场试点地区的土地流转价格相当于北京其他地区土地流转费用的 1.5 倍。

（2）家庭农场成本费用普遍偏高。通过比较家庭农场的成本费用发现，家庭农场的成本费用普遍偏高，相当于当年的生产性经营收入的 70% ～ 80%。家庭农场的生产成本主要是由土地流转成本、施肥成本、施药成本、用水成本、种子支出和农业支出 6 个项目构成，可见，在控制生产成本上家庭农场还有很长的路要走（表 2-4）。

表 2-4　通州区试点家庭农场成本支出表　　　　　单位：万元

排序	名称	土地流转成本	施肥成本	施药成本	用水成本	种子支出	农机支出	生产成本
1	刘宝林家庭农场	37.44	5.41	4.68	2.60	0.92	6.24	57.29
2	宋庆国家庭农场	32.22	6.32	3.31	2.86	0.77	6.50	51.98
3	刘卫东家庭农场	31.50	2.99	4.20	2.25	0.70	7.50	49.14
4	张德记家庭农场	32.94	4.94	3.29	2.93	0.81	4.12	49.03
5	李广军家庭农场	33.12	4.60	3.13	2.40	0.75	3.40	47.40
6	刘卫国家庭农场	27.54	2.62	3.67	2.25	0.60	7.20	43.88
7	谭宝庆家庭农场	32.94	3.51	3.11	1.50	0.81	1.83	43.70
8	刘玉华家庭农场	22.32	3.59	2.54	2.52	0.74	1.86	33.57

数据来源：北京新型农业经营主体培育研究（SZ201510020011）的调研数据。

（3）试点经营者为传统粮食生产农户，种植品种单一，主要依靠经验开展生产经营，规模经营管理经验欠缺，市场经营意识不强。

（4）社会化服务体系不完善，导致经营者在播种、机收、病虫害防治、融资等方面亟须扶持。

（三）其他"农场"情况及主要特点

1. 基本情况

（1）北京通州布拉格农场。农场成立于 2008 年 3 月，地处通州区漷县镇曹庄村北部北运河南岸，是距离城区最近、园区面积最大、种植香草种类最多的主题生态农业园区，其中，以紫色系的薰衣草的种植面积最大。除了薰衣草花海外，农场的百亩葵花园种植了几十个品种的向日葵，形态各异，还有波斯菊、马鞭草、油菜花等花海景观。通州布拉格农场庄园是通州区唯一的香草科普教育基地，在室内展厅有音、视、图、文展示系统，在室内外分别开展DIY 手工艺品制作、野外拓展训练等形式各异的教学娱乐活动。布拉格农场庄园还开辟了专属游乐区域，引进了射箭、摸鱼、山地自行车等适宜各类人群户外娱乐活动的游乐设施。餐厅结合布拉格农场的香草主题，精心烹制了 10

余款以香草为主要调味料的菜肴以及香草茶系列。为了满足客人户外烧烤的需要，餐厅购置10个烤炉，并在餐厅露台外设置了烧烤广场。

（2）北京尚大沃联福农场。绿色亲子农场，总占地400余亩。园内拥有绿色蔬菜、生态果园、林地拓展区、小动物园、休闲区、亲子活动区、儿童戏水池、DIY农庄、有机农家饭等项目，是集养生、休闲、娱乐、服务于一体的环保生态农园。农场里有大片的种植园，不管是各种农作物，还是蔬菜、水果，都有采摘的机会。在种植方式上采用自然农业技术，遵循植物的大自然生长规律。

（3）北京归原生态农场。归原有机生态农场是目前北京市唯一的有机奶牛农场，位于北京市延庆县西部的康西草原，毗邻官厅水库。这里空气清新、植被茂密、气候凉爽，是处于世界养牛带上的主要区域。该农场始建于1998年，位于北京生态环境最好的地区延庆县（2015年11月，改为延庆区）。公司总资产6 000万元，占地2 240亩，其中饲料地2 100亩，绿化用地30亩，奶牛养殖小区占地80亩，总建筑面积2.6万平方米，公司外饲料用地25 000亩，现奶牛存栏量为680头，年产有机鲜奶1 000吨。

北京归原农业生态发展有限公司秉承人与自然和谐发展的理念，在奶牛养殖与乳品加工以及其他农产品种植过程中摒弃一切化学物质的介入，提出"用我们的勤劳带给您远古的纯净"。将农业生产回归到自然生态的本源，有机牛奶正是这种理念的代表产品。

北京归原生态农业发展有限公司与中国农业大学合作，于2004年9月开展有机奶生产体系的规划建设。在中国农业大学李胜利教授领导的科研项目组以及国际合作机构的大力支持下，通过将近2年的有机转换过程，最终于2006年7月4日获得国家有机认证机构对饲料基地、有机原料奶、有机奶牛养殖、有机牛奶生产流程的各项认证。归原有机牛奶成为中国第一个有机牛奶，也是目前北京唯一的有机鲜牛奶。2009年5月由中国农业大学和北京归原生态农业发展有限公司起草的《有机生鲜乳生产技术规范》（DB11/T 631—2009）由北京市质量技术监督局颁发，正式成为北京市的有机生鲜乳生产的地方标准。

2. 主要特点

以上"农场"不是真正意义上的家庭农场，但它们都经受住了市场的考验，它主要有以下几个特点，对家庭农场的发展有一定的借鉴作用。

（1）农场规模化经营的主体是个人或公司。

（2）以农业种植业、养殖业为基础，多元化经营，实现一二三产业的融合发展。

（3）规模经营面积较大，前期所需投入较大，对农场经营的要求比较高。

（4）注重产品生产、生态环保、休闲娱乐等多种功能实现。

（5）产品的附加值较高，以市场需求为导向，商品化程度高。

四、北京家庭农场存在的主要问题

（一）耕地数量少，土地规模小

北京市土地面积 16 808 平方千米，其中山地面积 10 471.5 平方千米，占总面积的 62%；平原面积 6 390.3 平方千米，占总面积的 38%，2014 年北京市农作物播种面积为 20.0 万公顷，依据乡村人口为 294 万人计算，每个乡村人口农作物播种面积计算仅有 0.07 公顷，即 1.05 亩。根据农业部对家庭农场统计数据，截至 2014 年年底，经农业部门认定的家庭农场有 13.9 万家，比 2013 年年底增长 92.25%。2014 年起，农业部开展了家庭农场典型监测，从全国 31 个省（区、市）选择 3 000 多户家庭农场，家庭农场平均经营土地规模 334 亩，其中粮食型家庭农场平均经营土地规模 444 亩。由此可以看出北京市家庭农场的土地经营规模与全国的平均水平相距甚远。

（二）农民土地流转意愿不强

农民土地流转意愿受到多种因素影响，一般来说，对土地依赖性低的农民更愿意流出土地，对土地依赖性强的农民不愿意流出土地，职业务农的农民更希望转入土地。土地依赖性低的农民一部分可能是长期在北京市内或市外务工，从事非农产业收入稳定且大大高于农业土地经营收入，一部分是参加了新农保等一些保障农民老年生活收入的一些保险。土地依赖性强的农民一般具有年龄偏大、外出务工意愿不强和缺少老年社会保障等特点。

北京作为全国的政治、文化和经济中心，农民的人均收入水平高于全国平均水平，再加上北京创造了大量的非农就业机会，因此大部分农民外出务工一般都是在北京市内从事服务业工作，如餐饮、出租车等行业，吃、住、行还是在家里，对其他家庭成员的工作和生活影响较小，因此家庭成员中以前务农的，现在继续务农，不愿意土地流转出去。同时北京郊区现在务农的农民年龄普遍偏大，对土地依赖性强，但又因为年龄大对经营更大面积的土地显得精力不足，因此土地流出、流入意愿都不强。

（三）土地流转费较高

农业部 2015 年家庭农场的监测数据显示，有效样本家庭农场流入地的平均租金为 491.12 元 / 亩，从抽取北京的家庭农场样本看（表 2-5），北京每亩土地租金成本都在 400 元以上，租金成本在 500 元 / 亩以上的比例达到 85%，高于全国平均水平 47.44%，其中北京租金成本在 1 000 元 / 亩的比例高达 75%，可以看出北京每亩土地租金成本远远高于全国平均水平。

表 2-5　2015 年北京及全国转入土地不同租金分段的家庭农场比例

省（区、市）	[0,40) 元	[40,100) 元	[100,200) 元	[200,300) 元	[300,400) 元	[400,500) 元	[500,1 000) 元	≥ 1 000 元
北京（%）	0.00	0.00	0.00	0.00	0.00	15.00	10.00	75.00
全国（%）	1.84	4.18	7.94	10.25	14.82	13.53	37.62	9.82

数据来源：中国家庭农场发展报告（2016）。

（四）随着农业产值比重逐步减少，农民家庭经营收入比例下降，农业能手相对较少

随着北京城市功能的定位和城镇化进程的加快，农业的功能和地位发生了很大变化，农业在北京市地区生产总值的构成中的占比越来越少（表 2-6），2011 年第一产业产值 134.4 亿元，占地区生产总值比重仅为 0.83%，后续还可能进一步降低，2014 年第一产业产值占地区生产总值的比重只有 0.75%。这意味着农业不再是北京重点发展的产业，农业从业人员会大量减少，而新生力量因为非农产业能带来更高的经济利益，不愿意补充到农业从业队伍中，造成农业从业人员青黄不接，农业技能传承不下去，农业能手减少。

表 2-6　2011—2014 年北京第一产业产值及比重

项目	2011 年	2012 年	2013 年	2014 年
地区生产总值（亿元）	16 251.9	17 879.4	19 800.8	21 330.8
第一产业产值（亿元）	134.4	148.1	159.6	159.0
第一产业产值比重（%）	0.83	0.83	0.81	0.75

数据来源：北京统计年鉴（2015）。

从农村居民家庭人均纯收入来源中还可以看出（表 2-7），家庭经营收入已经不再是农民的主要收入来源，2011 年北京市农村居民家庭人均纯收入平均水平是 14 736 元，家庭经营纯收入是 1 363 元，占比 9.25%，之后逐年下降，尤其是 2013 年下降明显，家庭经营纯收入从 2012 年 1 318 元下降到 2013

年的 833 元，在纯收入中的比重也从 8.0% 跌至 4.54%。从家庭经营纯收入的内部组成看，第一产业收入下降明显，2011 年第一产业收入 727 元，占纯收入比重为 4.93%，至 2014 年第一产业收入仅为 258 元，占纯收入比重降至 1.28%。从以上数据分析可以看出，北京郊区农民从事农业生产经营的人数越来越少，农业生产收入所占比重将越来越低。

表 2-7　2011—2014 年北京农村居民家庭人均纯收入结构

项目	年份			
	2011 年	2012 年	2013 年	2014 年
纯收入（元）	14 736	16 476	18 337	20 226
家庭经营纯收入及比重（元，%）	1 363（9.25）	1 318（8.0）	833（4.54）	867（4.29）
其中第一产业收入及比重（元，%）	727（4.93）	731（4.44）	268（1.46）	258（1.28）

数据来源：北京市统计年鉴（2015）。

（五）家庭农场工商登记注册比例低

根据 2014 年农业部家庭农场典型监测调查，在全国收集的有效样本数 2 826 个家庭农场中，北京的有效样本数是 28 个。经过统计分析，全国在工商部门登记的家庭农场数是 1 751 个，占总数的 61.96%，北京在工商部门登记的家庭农场数是 9 个，占总数的 32.14%，其余 67.86% 都没有在工商部门登记注册。一些家庭农场发展较早、较成熟的地方工商登记注册比例更高，如浙江、江西、山东、河南、广西等地工商登记注册率达到了 100%。

（六）金融贷款难，贷款渠道单一

北京市家庭农场在有贷款或外债的比例、借款渠道等方面都落后于全国平均水平。2015 年农业部家庭农场典型监测调查显示，所有省份的家庭农场均有一定比例的贷款或外债，全国平均有 46.26% 的家庭农场有贷款或外债，其中粮食类家庭农场贷款或外债比例为 37.63%，而北京家庭农场只有 18.52% 有贷款或外债，其中粮食作物家庭农场的贷款或外债比例为 0（表 2-8）。

表 2-8　北京家庭农场有贷款或外债比例

省（区、市）	全部家庭农场	其中粮食作物家庭农场
总计（全国）（%）	46.26	37.63
北京（%）	18.52	0.00

数据来源：中国家庭农场发展报告（2016）。

按各渠道借款金额占比排序（表 2-9），全国家庭农场生产经营借款渠道依次为农村信用社、亲朋好友、民间借贷、邮政储蓄银行、农工中建交等大型商业银行、其他渠道、农民资金互助合作社、本地企业。比例分别为 46.03%、20.33%、13.39%、9.35%、7.08%、2.62%、0.57% 和 0.21%，而北京家庭农场贷款渠道只有 4 种，即大型商业银行、农村信用社、亲朋好友和其他渠道，占比分别为 42.86%、14.29%、14.29% 和 28.57%。

表 2-9 2015 年有贷款或外债家庭农场从各渠道借款结构

省（区、市）	农、工、中、建、交等大型商业银行	邮政储蓄银行	农村信用社	资金互助合作社	民间借贷	本地企业	亲朋好友	其他渠道
全国（%）	7.08	9.35	46.03	0.57	13.39	0.21	20.33	2.62
北京（%）	42.86	0.00	14.29	0.00	0.00	0.00	14.29	28.57

数据来源：中国家庭农场发展报告（2016）。

（七）专业社会化服务水平低

北京家庭农场起步较晚，一些区县还处于试点阶段，家庭农场分布零散，从生产到销售都是全部由家庭成员自己完成，只在农忙季节雇佣少量劳动力，与农业社会化服务机构或组织联系较少，没有与农民专业合作社、农业龙头企业形成合作关系，家庭农场的专业社会化服务水平低。

（八）缺少明确的产业指导规划

从房山、通州等区县家庭农场的试点看，家庭农场一般选择了当地的种植大户，并且是粮食生产大户，在目前情况下，完全依靠市场手段在全市推广粮食生产家庭农场的基础条件不具备，同时还存在深层的制度障碍，即在土地流转费用高涨之前没有划定严格限制用途的粮食生产区，虽然 2015 年年底前，北京市"两田一园"（80 万亩粮田、70 万亩菜田、100 万亩果园）划定基本落地，但仍缺少明确的产业指导规划。

第三章

北京家庭农场的发展模式

　　无论是政府主导型的上海松江模式，还是完全市场化运作的浙江宁波模式，这些模式之所以取得成功，是因为都是以优势产业为依托打造出区域特色，促进农业发展和农民增收，产生了很好的经济效益和社会效益。北京作为全国的政治、文化、科技创新和国际交流中心，其农业产值在地区生产总值中所占比重很小，这就决定了北京农业需要走高、精、尖路线，北京家庭农场的发展需要精细化经营。北京家庭农场目前还处于起步阶段，未来还有很长的路要走，基于北京空间区域类型和特点探索北京家庭农场的发展模式显得尤为重要。

第一节　北京空间区域类型及特点

　　北京的地形复杂，全市土地面积 16 808 平方千米，其中山地面积 10 417.5 平方千米，占总面积的 62%，平原面积 6 390.3 平方千米，仅占总面积的 38%。城市区域功能定位明确，不同区位扮演不同的功能角色。北京"十一五"发展规划中明确提到了 4 类功能区，即首都功能核心区、城市功能拓展区、城市发展新区和生态涵养发展区。

　　——首都功能核心区，包括东城区和西城区，共 32 个街道，常住人口 216.2 万人，土地面积 92.4 平方千米。该区域是本市开发强度最高的完全城市化地区，主体功能是优化开发，同时也要保护区域内故宫等禁止开发区域，适度限制与核心区不匹配的相关功能。

　　——城市功能拓展区，包括朝阳区、海淀区、丰台区、石景山区，共 70 个街道、7 个镇、24 个乡，常住人口 955.4 万人，土地面积 1 275.9 平方千米。该区域是本市开发强度相对较高、但未完全城市化的地区，主体功能是重点开发，要坚持产业高端化、发展国际化、城乡一体化。同时，也要优化提升商务中心区（CBD）、中关村核心区等较为成熟的高端产业功能区，严格保护颐和园、西山国家森林公园等禁止开发区。

　　——城市发展新区，包括通州区、顺义区、大兴区（北京经济技术开发区）以及昌平区和房山区的平原地区，共 24 个街道、56 个镇、1 个乡，常住人口 541.8 万人，土地面积 3 782.9 平方千米。该区域是本市开发潜力最大、城市化水平有待提高的地区，主体功能是重点开发，要加快重点新城建设，同时，要优化提升临空经济区和北京经济技术开发区等基本成熟的高端产业功能区，严格保护汉石桥湿地自然保护区等禁止开发区。

——生态涵养发展区，包括门头沟区、平谷区、怀柔区、密云县、延庆县以及昌平区和房山区的山区部分，共14个街道、79个镇、15个乡（含昌平区的7个镇，房山区的1个街道、9个镇和6个乡），常住人口247.8万人，土地面积11 259.3平方千米。该区域是保障本市生态安全和水资源涵养的重要区域。主体功能是限制开发，要限制大规模高强度工业化城镇化开发。要重点培育旅游、休闲、康体、文化创意、沟域等产业，推进新城、小城镇和新农村建设。要严格保护长城、八达岭—十三陵风景名胜区等各类禁止开发区。

北京在"十三五"发展规划中进一步对集中建设空间和功能结构进行优化重组，形成"一主、一副、两轴、多点"的城镇空间结构。"一主"为中心城区，着力保障和服务首都核心功能的优化发展。"一副"为行政副中心（通州），重点承接北京市属行政事业单位及相关服务部门的疏解转移，带动城市东部区域协同发展。"两轴"为中轴线、长安街及其延长线，重点优化完善国家重要的政治、文化和外交职能布局，形成首都空间秩序的统领与功能组织的骨架。"多点"为顺义、亦庄、大兴、昌平、房山、怀柔、密云、平谷、延庆、门头沟10个新城和海淀山后、丰台河西、北京新机场地区3个重要城镇组团。通过以上分析可以看出，北京家庭农场应该基于区域功能定位选择一条适合自身发展的道路。

从农业产业发展方向看，北京将重点发展节水、绿色、环保、高科技产业，一些耗水高、污染环境、低效的产业将减少甚至退出历史舞台，如畜牧业、养殖业、高耗水农作物。2015年底前，北京市"两田一园"（80万亩粮田、70万亩菜田、100万亩果园）划定基本落地，各区县将根据自身实际情况划定"两田一园"，发展粮食、蔬菜和果品生产。

从农业土地的分布看，绝大部分集中于远郊区县，城区已经没有多少适合农业生产的用地。平原地区有利于家庭农场农业生产土地的规模经营，山区森林覆盖率高，适宜发展经济林、生态林和林下经济，同时以生态、环保为主题，发展农产品加工业和休闲旅游等产业有较大的增长潜力。

按照北京家庭农场的基本特征之一，即以农业生产功能为基础，兼顾观光休闲、生态旅游等多种功能，北京家庭农场应结合区域情况选择不同的发展类型。在一些区域适合发展以农业生产功能为主，观光休闲、生态旅游为辅的家庭农场，如划定为北京市"两田一园"的区域和平原地；在一些区域适合发展以农业生产为平台，重点发展观光休闲、生态旅游等产业的家庭农场，如山区和水源保护区。

根据海拔高度、与城区距离、经济发展水平、生态保护要求、基础设施建设指标，北京家庭农场发展空间可分为以下几种类型：平原区、浅山区、中山区、深山区和水源保护区（表3-1），根据空间类型的不同，因地制宜地发展家庭农场。平原区海拔高度小于（含）200米，与城区距离最近，经济发展与城区基本类似，发展水平较高，基础设施建设齐备，在生态保护上注重对生态资源进行科学改造和利用，开展小流域综合治理，防止各类污染。浅山区海拔高度小于（含）500米，与城区距离较近，经济发展水平较高，基础设施建设较齐全、较便利，在生态保护上注重对生态资源进行科学修复和建设，提高林木覆盖率，加强生态安全，防治水土流失和地质灾害。中山区海拔高度小于（含）1 000米，与城区距离稍远，经济发展水平一般，基础设施建设较不齐全，也较不便利，在生态保护上注重对生态资源进行科学有效保护，提高林木覆盖率，防治水土流失和地质灾害。深山区海拔高度大于1 000米，与城区距离较远，经济发展水平不高，基础设施很不齐全、不便利，在生态保护上注重对生态资源进行科学有效保护，防止自然灾害和人为破坏。水源涵养区海拔高度小于1 000米，与城区距离较远，经济发展水平一般，基础设施建设较不齐全、较不便利，在生态保护上注重对生态资源进行科学修复和建设，北京水资源环境保护。

表3-1 北京家庭农场空间区域类型及特点

区域类型	海拔高度（米）	生态保护要求	经济发展水平	与城区距离	基础设施建设
丘陵或平原区	≤ 200	对生态资源进行科学改造和利用，开展小流域综合治理，防止各类污染	高	最近	齐全、便利
浅山区	（200，500］	对生态资源进行科学修复和建设，提高林木覆盖率，加强生态安全，防治水土流失和地质灾害	较高	较近	较齐全、较便利
中山区	（500，1 000］	对生态资源进行科学有效保护，提高林木覆盖率，防治水土流失和地质灾害	一般	不近	较不齐全、较不便利
深山区	＞1 000	对生态资源进行科学有效保护，防止自然灾害和人为破坏	不高	较远	不齐全、不便利
水源涵养区	＜1 000	对生态资源进行科学修复和建设，北京水资源环境保护	一般	较远	较不齐全、较不便利

第二节　北京家庭农场的产业发展类型

与国内一些发展家庭农场较成熟的省市相比，北京农业在 GDP 中的比重太低，不足 1%，但北京农业的功能依然不可或缺，在服务首都、富裕农民方面发挥着重要作用。因为土地流转成本高、单一大田作物种植经济效益低等问题，北京家庭农场的发展模式将不同于其他省市的家庭农场，需要探索一二三产业的融合发展，尤其是第一产业和第三产业的融合，提升家庭农场的经济效益。虽然目前北京家庭农场在产业融合上还没有特别成功的案例，但是北京在都市农业发展中积累了很多产业融合上的成功经验，如既有以房山尚大沃联福农园、延庆"世园百蔬园"为代表的设施园区景观，也有以延庆"四季花海"、房山"上方花海"为代表的沟域田园景观，还有以顺义万亩示范区、房山窦店高产示范区为代表的平原大田景观。

北京家庭农场可以根据平原区、浅山区、中山区、深山区和水源涵养区的不同，因地制宜采用不同的发展类型：平原区"设施农业＋观光农业"类型、浅山区"精品农业＋观光农业"类型、中山区"生态农业＋生态旅游"类型、深山区和水源涵养区"创意农业＋生态旅游"类型。

一、平原区"设施农业＋观光农业"类型

北京平原区地势平坦，耕地相对集中连片，有一定的规模，距城区最近，家庭农场经营适宜采用"设施农业＋观光农业"的发展模式，发挥家庭农场规模经营优势和生产功能，是北京"两田一园"规划中的"两田"重点分布区域。通过设施农业引进现代化农业生产设施、设备，使农业生产摆脱季节和气候的影响，实现"工厂化"生产，提高农业产量和经济效益。通过观光农业延长农业产业链，提升产业附加值。

北京设施农业的发展起步较早，20 世纪 80 年代初京郊就开始发展设施农业，各区县根据本地区的产业优势，因地制宜，逐渐发展和形成了具有本地特色的设施农业类型，如大兴区、顺义区以西甜瓜和蔬菜为主，房山区以食用菌和蔬菜为主，昌平区以草莓采摘和观光休闲为主，已成为北京市都市型现代农业的主要产业形态之一。

同时以农业生产为基础，发展以观赏农业景观为主的观光型农业和以参

与农业生产活动为主的体验型农业，如景观农田，变自然农业区域为旅游区域，延长产业链，提高家庭农场的综合经济效益。2016年北京市农业局评选出"十佳"优秀农田观光点，如顺义"博特园景观农田"，位于顺义区大孙各庄镇王户庄村，园区占地800亩，辐射带动周边菜种植面积1 500亩，是集农业观光、采摘、休闲为一体的都市农业园区。该园区景观农田以种植越冬油菜和向日葵为主，并在景观农田边界建立了以观赏菊为主的农田缓冲带，形成了以越冬油菜、向日葵、地被菊为主的全年覆盖模式的农田景观。还有房山"草根堂鲜药农场"，位于北京市房山区石楼镇大次洛村西园子，属于平原地区，种植1 800亩林下中草药，70余亩林下景观休闲娱乐。在着力发展中草药种植的同时，合作社还结合中草药种植的特长和林下种植的特色，开发出了别具一格的中草药科普、林下狩猎、餐饮娱乐、农家体验和青少年户外拓展等一系列项目，每年接待游客超过5万人。

二、浅山区"精品农业＋观光农业"类型

北京浅山区山体坡度较缓，表面较平坦，在自然构造中形成了特定的土壤成分，距离城区较近，家庭农场经营适宜采用"精品农业＋观光农业"的发展模式。与设施农业强调规模和产量不同，精品农业注重"精"和"品"，"精"即提高产品质量且控制产量，"品"即创建品牌。根据浅山区特有的土壤和自然资源，打造区域特色，如平谷利用特有的地形和气候条件，选择了在海拔11～588米种植桃子，口感独一无二，在中国林业部举办的第二届林业名特优新产品博览会上获金奖，在农业部举办的第三届农业产品博览会上获"名牌产品"，在"99昆明世界博览会"上获金奖；在2001年广州全国果品展评中，被评为"中华名果"，并通过国家质检总局对平谷大桃实施的地理标志产品保护资格审查；平谷大桃被评为全国知名商标品牌，被欧盟确定为进入其10个中国地理标志保护产品之一；"平谷"证明商标成功获得国家工商总局认定的"中国驰名商标"，成为目前北京市唯一同时拥有原产地证明商标和驰名商标的农副产品，荣获"商标富农和运用地理标志精准扶贫十大典型案例"，2016年大桃品牌价值94.39亿元。同时发展观光旅游，在桃树开花季吸引游客欣赏桃花美景，在桃子成熟季吸引游客采摘和制作以"桃"为主题的工艺品。

三、中山区"生态农业＋生态旅游"类型

中山区海拔相对较高，自然生态环境较好，植被较好，森林覆盖率较高，距离城区较远，分布着很多历史文化遗址，家庭农场经营适宜采用"生态农业＋生态旅游"的发展模式。生态农业是指在农业生产过程中，所需要素之间能相互转化，实现物质流和能量流的良性循环，最大限度地减少对自然环境的负面影响，如利用立体农业开发林下经济，利用生物之间相生相克的原理，进行病虫害防治，利用生态系统的食物链结构建立农业资源多级循环利用，打造高附加值的生态农业产品。以生态农业和本地具有深厚历史文化的景点为依托，宣传生态文化，发展民俗游、历史文化游、生态文化之旅等生态农业。

四、深山区和水源涵养区"创意农业＋生态旅游"类型

深山区和水源涵养区自然生态环境好，植被茂盛，森林覆盖率高，考虑环境保护的需要，一些土壤不适合种植某些农作物或者法律法规明确规定只能种植树木或绿化植被，为了养护土壤和保护环境，家庭农场经营适宜采用"创意农业＋生态旅游"的发展模式。

如台湾的生态农庄，很多都是免费开放，吸引游客来农庄观赏生态环境，通过创意开发以"生态、环保、绿色、健康"为主题的产品和娱乐项目，带动农产品销售和其他经营收入。再如延庆珍珠泉乡地处深山区，距城区55千米。全乡15个行政村，总面积114平方千米，其中耕地面积4 887亩，林地面积为195 597亩，是个典型的山地多、耕地少、森林覆盖率高的山区乡。全乡森林覆盖率89.44%，林木绿化率93.69%。全乡经济以农业为主，耕地少、产业规模不大，但具有特而精的基础。主要农副产品有珍珠泉鸭蛋、珍珠泉杏仁油和珍珠泉小杂粮。珍珠泉鸭蛋相传是清朝皇宫的宫廷供品，经过加工腌制的鸭蛋，在色、香、味方面均高于市场上的普通鸭蛋。鸭蛋切开后，蛋黄油珠四溢、黄里透红，利沙而不黏，蛋清白如雪，软如绵，营养丰富，是老少皆宜的纯天然食品，已通过有机食品认证。珍珠泉杏仁油，集野山杏之精华，内含蛋白质、矿物质、维生素、氨基酸等多种微量元素，属天然高级调味品、营养品。北宋时御厨为皇帝做杏仁油烙饼、杏仁油拌黄瓜，深得皇帝的喜爱。光绪年间慈禧用杏仁油作为后宫美发美颜品，能使头发自然乌黑发亮，脸面自然增白，御医验证多种偏方用杏仁油作引子，杏仁油拌黄瓜口感微

妙、香脆爽口，有清肺止咳、防暑、防癌等功效。珍珠泉小杂粮，珍珠泉乡有种植小杂粮的传统，种出的小米等 12 个品种的杂粮颗粒均匀、光泽度高，熬制出的粥香味浓郁、黏稠好吃，而且多年来一直追施农家肥，属于纯天然绿色食品。珍珠泉小杂粮已通过北京五洲恒通认证有限公司的有机农产品认证。延庆珍珠泉乡圣溪湖景区，位于珍珠泉八亩地村，在景观设计中，根据该段沟域突出山水特色和梯田层次，遵循因地制宜、借势造景的原则，打造了珍珠八亩山水。种植了玫瑰、百日草、小丽花、鼠尾草、马鞭草等 18 个景观作物品种，营造了以"珍珠山水"为主题的整体农田景观，2016 年被评为北京"十佳"优秀农田观光点。

第三节　北京家庭农场的发展模式

一、发展模式的含义

发展模式（Developing Mode）为一个国家或一个地区在特定的生活场景中，也就是在自己特有的历史、经济、文化等背景下所形成的发展方向，以及在体制、结构、思维和行为方式等方面的特点。关于发展模式的划分，因划分的标准不同、观察的视角不同，因而有不同的认定与表述。如按照市场的自由程度划分，可分为自由市场发展模式、社会市场经济模式、集中型的市场经济模式。如按照国家划分，可以分为日本模式、美国模式、法国模式、荷兰模式等。如按照国内行政区划划分，可以分为安徽郎溪模式、上海松江模式、浙江宁波模式等。北京家庭农场也将在自身特有的历史、经济、文化等背景下形成具有自身特色的发展方向。

二、家庭农场五大发展模式及其主要特征

（一）上海松江模式

上海松江模式的产生与发达地区城乡一体化发展相关。进入 21 世纪后，松江的农业劳动力非农化和老龄化趋势明显，而且随着地区经济发展进入了后工业化阶段，实现城乡一体化发展成为松江的一项重要任务。为了应对这一问

题，松江政府根据粮价水平、当地的农业条件等确定家庭农场规模，按户均2～3个劳动力计算将家庭农场规模确定为100~150亩，从而保证务农收入与非农就业收入大体相当。同时，针对农户之间土地流转无法连片、土地质量差异较大、流转期限较短等问题，松江在尊重农户意愿的基础上将通过增加补助的方式引导农民将承包地统一委托给村集体流转，并由政府出资将耕地整治成高标准基本农田，然后由村集体流转给家庭农场经营者，通过财政补贴鼓励经营者创办家庭农场，并对家庭农场提供完善的配套服务，包括技术人员指导、提供良种、安排农机、粮食烘干等，主要发展粮食种植型家庭农场。比较而言，松江模式是地区经济进入较高发展阶段后政府基于城乡一体化发展目的主导的一种发展模式，这对政府的要求较高，不仅需要较强的财政投入，还需要完备的配套服务体系。松江模式有以下特征：政府主导，其中政府出资整治农田、由村集体组织土地流转是其独特特征；以粮食种植为主；保障体系较完善。

（二）浙江宁波模式

浙江宁波模式是市场主导的典型。20世纪90年代，随着宁波成为沿海开放城市，宁波的工业化和城市化加速，城市居民对农产品需求推动着地区农业结构调整，非粮化趋势明显，农业生产中出现一批从事蔬菜、瓜果、畜禽养殖等专业大户。相较于内陆地区，宁波的市场化氛围产生更早、更浓厚，这些大户拥有较强的经营意识，在市场环境下经营管理逐步规范，进入21世纪后自发或在政府引导下进行工商登记注册，由此衍生出家庭农场。宁波模式有以下特征：较高的市场化程度，家庭农场市场意识较强，绝大部分进行了登记注册，这是宁波模式最突出的特征；经营领域较宽，包括蔬菜、瓜果、畜禽等。

（三）武汉模式

武汉模式与宁波模式较为相似，其产生与城市工业化和城市化发展密切相关。武汉家庭农场也是在城市发展推动郊区农业转型中逐步产生的，但与宁波相比，武汉模式的政府介入力度更大，种养大户转化为家庭农场即由政府推动。武汉模式最大的特色是家庭农场经营范围贴合现代都市居民生活需求，包括蔬菜、水产、瓜果、畜禽、林木等多种农产品，并且随着人们消费升级而有多元化趋势。

（四）吉林延边模式

吉林延边模式与人口转移出去后农业规模化生产的要求有关。延边是朝鲜族集聚区，人们对韩国文化的认同感较强，在跨国务工更高收入的吸引下，很多农民前往韩国务工，这在地区人口密度本来就较低的情况下，进一步加剧了无人种地的矛盾，促使农业规模化经营成为必然要求，其中政府做了很多工作来推动这一目标。值得一提的是，针对家庭农场需要大量资金投入但又缺乏担保和抵押的情况，延边在扶持家庭农场融资方面做出了一些创新举措，如农村土地经营权抵押贷款、收益保证贷款等。延边模式有以下特征：融资支持力度较大，这是其显著特色；经营规模较大，机械化程度高；以粮食种植为主。

（五）安徽郎溪模式

安徽郎溪模式与延边模式有一定的相似性，也是落后地区人口流出后农业向规模化转型的结果。与延边人口向国外转移不同，郎溪农村很多农业从业人员前往长三角务工，但结果都是本地农业生产向规模化、市场化转型。郎溪家庭农场发展过程在后文详细叙述。郎溪模式的典型特征包括：政府介入力度较大；以粮食种植和水产养殖等为主；家庭农场协会发挥重要作用。

三、家庭农场实现产业化经营的常见模式

（一）"家庭农场 + 合作社" 模式

1. 模式内涵

家庭农场是指以家庭为主要劳动力，从事农业规模化、集约化、商品化生产经营，并以农业为主要收入来源的农业市场经营主体。据 2014 年 2 月 27 日农业部农村经济体制与经营管理司司长张红宇在《农业部关于促进家庭农场发展的指导意见》新闻发布会的发言，2014 年我国共有符合统计标准的家庭农场近 100 万个，经营耕地面积 1.8 亿亩，平均经营规模约 200 亩。为了获取专业化经济效益，家庭农场投入了比传统兼业化小农更多的土地、资金、人力、技术和机械设备，以提高劳动生产率和降低生产成本。但资产的专用性导致了家庭农场投入的生产要素具有较高的机会成本。随着专业化生产带来的交易频率的上升和市场范围的扩大，家庭农场面临的市场风险、政策风险和农产品质量安全风险显著增大。为了防范风险和实现利润最大化目标，家庭农场内生的合作需求明显强于小农户，家庭农场之间或者家庭农场与其他利益主体的相互联结、互助合作显得尤为紧迫和重要。"家庭农场 + 合作社"的农业产业化经营模式是一种以合作社为依托，农业生产类型相同或类似的家庭农场在自

愿基础上组成利益共同体的制度安排，通过市场信息资源共享，农技农机统一安排使用，在农产品的产、加、销各个阶段为社员提供包括资金、技术、生产资料、销售渠道等在内的社会化服务，在很大程度上实现农业产业化经营。

家庭农场主凭借土地使用权和资金自愿入股合作社，并以股东身份参与经营和利润分配。家庭农场依附于合作社，信贷额度增加、难度降低，品牌的建立更具可行性、短期性，供应和管理统一于合作社，对于风险的控制更有信心。

2. 采用"家庭农场 + 合作社"的前提

（1）家庭农场产业相同或相近。家庭农场和合作社所含行业不宜太过多元，对于家庭农场来说，众多的专业技术难以在短时间内全部掌握，难以形成品牌；对于合作社来说，行业众多难以进行培训和研究，无法达到内部规模经济，也更难形成品牌。产业相近的家庭农场之间容易形成竞争模式，更有利于内部作业模式的改进。

（2）家庭农场规模不大。家庭农场规模应根据种植或养殖类型进行科学规划，规模太大会导致用地成本增加，监管成本加大。

（3）地区范围内大量种植或者养殖，如盛产某作物的地区。

（4）暂时缺乏技术更新，没有大额资金支持，家庭农场信贷额度和补贴太少，依托于合作社的大额度可以获得更多的技术设备和管理人才。

3."家庭农场 + 合作社"的类型

实践中，"家庭农场 + 合作社"模式主要有以下 4 种类型。

（1）"家庭农场 + 合作社 + 公司"模式。公司根据市场需求与合作社签订契约，合作社按照契约规定的品种、数量、质量组织家庭农场生产。农产品成熟后由合作社验级、收购，而后由公司进行加工和销售。家庭农场以合作社为依托，与公司建立利益联结机制，一方面增强了家庭农场与公司的谈判地位，有效约束公司的机会主义行为，保障家庭农场农产品的销路；另一方面，通过合作社的生产监督和集中收购，确保公司对加工原料质量和数量的需求。例如，浙江省海盐县的 20 家家庭农场联合组建的万好蔬菜合作社，在产前与当地的食品公司签订蔬菜购销合同，在产中由合作社提供技术、管理、培训在内的专业化服务，在产后由公司以保护价收购农产品。全县以"订单农业"形式开展生产的占家庭农场总数的 67%，其中 52% 的订单通过合作社获得。

（2）"家庭农场 + 合作社 + 超市"模式。家庭农场负责生产环节，合作社统一品牌和标准化生产服务，建立农产品质量的可追溯机制，保证超市稳定的货源供应。这种模式将订单农业与现代经营业态有机结合起来，缩短了农产品采供周期，减少了中间流通环节和物流成本，保证了农产品的新鲜安全，有效地促进了农民增收，适宜规模化和标准化农业经营适合蔬菜、水果等高收益性的农产品。例如，山东省青州市 21 家以家庭农场为主体的合作社与 17 家连锁超市签约，常年向超市供应高档箱装礼品菜，涉及 20 多个蔬果品种，农民获得了种植高端品牌蔬菜的高额效益。

（3）"家庭农场＋合作社＋直销（社区）"模式。在"家庭农场＋合作社＋直销（社区）"模式下，生产同类农产品的家庭农场联合成立合作社，合作社进入城市社区、街道直销农产品，或者由合作社与学校和企业食堂、餐饮企业、直销展会签订供货合同。这种模式改变了"收购商—经销大户—批发市场—农贸市场"层层盘剥的传统销售模式，缩短了"田头"到"柜台"的距离，缓解了市民"买菜难"和农民"卖菜难"的问题。例如，浙江省宁波市有近 10 家以家庭农场为主要成员的合作社开设了农产品直销店，价格比超市和菜市场便宜20%～30%。

（4）"家庭农场＋合作社＋合作社自办加工企业"模式。家庭农场联袂合作社，发展壮大后自办加工企业来销售、加工家庭农场的农产品。这种模式以合作社为产业化经营的主导力量，对农业产业链各环节进行统一经营管理，是4 种产业化经营模式中一体化程度最高的模式。合作社内部的科层管理机构替代了产品交易市场，组织稳定性和合作性增强，内部成员利益高度一致，各主体之间的产权关系明晰，实现了剩余索取权和剩余控制权的统一。家庭农场不仅能够分享出售初级农产品的收益，还能够直接分享纵向农业产业一体化后农产品加工增值的收益。但这种模式实现的前提和条件是，合作社必须治理机制规范、经济实力雄厚、市场竞争力强。

4. "家庭农场＋合作社"农业产业化经营模式的制度特性

"家庭农场＋合作社"的制度安排可以归纳为家庭经营、规模适度、专业化生产、产业化经营 4 个显著特征。

（1）家庭经营。无论是家庭农场，还是合作社都是在家庭承包经营制度的基础上发展而来，既保留了家庭承包经营的传统优势，又吸纳了现代机械设备、先进技术、经营管理方式等现代农业生产要素。"家庭农场＋合作社"模式采用机械化替代人工劳作，运用现代信息技术建立标准化生产和产品质量可追溯体系。家庭农场经营单位的主体依然是家庭，家庭农场主兼具劳动者和经营者的双重身份。合作社是所有者与使用者的统一体，合作社的组织宗旨是保障农民利益。所以，"家庭农场＋合作社"模式是家庭承包经营制度基础上的制度创新。

（2）规模适度。组织规模边界的扩张与收缩是以最大限度节约成本为目的，家庭农场和合作社都有一个适度规模的问题。家庭农场必须达到一定规模才能够融合现代农业生产要素，具备产业化经营的特征；同时，受资源禀赋、经营管理能力和风险应对能力的限制，家庭农场的规模必须处于可控的范围内，不能太大也不能太小。同样，合作社规模过大，易导致监督成本和决策成本增加，社员"搭便车"问题突出；规模过小，难以成为农产品市场价格变动的"抗衡力量"，势必造成合作社在经营管理上的"规模不经济"。

（3）专业化生产。区别于传统小规模农户"小而全"的兼业化、多样化生产经营，在"家庭农场＋合作社"模式中，家庭农场在合作社的组织下从事专业化、商品化的生产经营。家庭农场生产经营的目标不再满足于为家庭生产粮食，或为市场生产剩余粮食，而是最大限度地利用自然资源和人力资源追求经济利益。家庭农场经营范围较为集中，在土地、资金、技术等生产要素的使用上集约化程度更高，在提高劳动生产率、土地产出率、建立农产品质量安全体系方面具有明显的优势。

（4）产业化经营。"家庭农场＋合作社"模式通过一定的销售形式和流通环节将农产品从生产领域转移到消费领域，以实现利润最大化的目标，带有明显的营利性。该模式实现了企业化管理，注重投入产出的核算，讲求产出效率和经济效益，注重成本的节约和管理制度的创新。农民不仅能获取劳动报酬和全部的农产品市场利润，还能分享农产品供应链的增值。

5."家庭农场＋合作社"的优势

（1）利用现代管理经验思维来应对现代农业，采取先进的管理观念，形成经营的产业化，将生产、资金融入、技术和销售决策权统一于合作社手中，减轻家庭农场的管理压力和对于决策的盲目性。

（2）使大多数家庭农场走出一味靠政府补贴的生存困境，提高政府补助资金的利用率。

（3）借助合作社商标能够在短时间内形成品牌，形成地方特色，建立自己的竞争优势。

（4）合作社因其自身的法人身份能够获得更大的信贷额度和政策补贴，充分调动了金融机构对农业的关注和资金投入。

（二）家庭农场＋龙头企业

1.模式内涵

龙头企业实现了上联市场、下联农户的有效对接，在农业产业化发展中起着引领的作用。家庭农场正处于发展的初级阶段，在生产经营管理、技术运用等方面缺乏经验，在农业新型经营主体中处于相对弱势的地位。龙头企业可以为家庭农场提供技术指导、农产品销售、农业市场信息等社会化服务，家庭农场可以为龙头企业提供稳定的原料，保证初级农产品的稳定供给，两者相互促进、共同发展。农业部经管司提出，在农业现代化阶段，中央和政府鼓励农村承包土地向家庭农场等经营主体流转。家庭农场成为学者们关注的热点问题。在农业产业化发展过程中，龙头企业与家庭农场合作是农业产业化经营的必然要求。

2. 龙头企业的功能和政策地位

近年来，我国农业产业化发展迅速，有效地带动了农业发展方式转变和农业产业链质量、效益、竞争力的提升，也为提高农业组织化程度、促进农民增收做出了重要贡献，其中龙头企业功不可没。总体而言，龙头企业不仅是带动农民增收的中坚力量，也是按照规模化、集约化、组织化方式引导农民、帮扶农民、提升农民的骨干力量。《中共中央国务院关于做好 2000 年农业和农村工作的意见》明确提出"以公司带农户为主要形式的农业产业化经营，是促进加工转化增值的有效途径"。2012 年发布的《国务院关于支持农业产业化龙头企业发展的意见》（国发〔2012〕10 号）强调"农业产业化是我国农业经营体制机制的创新，是现代农业发展的方向"，龙头企业"是构建现代农业产业体系的重要力量，是推进农业产业化经营的关键，支持龙头企业发展，对于提高农业组织化程度、加快转变农业发展方式、促进现代农业建设和农民就业增收具有十分重要的作用"。由此足见农业产业化和龙头企业发展的政策地位。

3. 合作机制类型

合作机制强调的是龙头企业与家庭农场这两个经营主体之间的运行关系。龙头企业与家庭农场的合作类型多种多样。根据前人的研究，从契约的性质来分，杜吟棠将公司与农户的合作关系分为 4 种类型，"市场交易"关系、"互惠契约"关系、"出资参股"关系、"土地反租倒包"关系，其中，"市场交易"关系是纯粹的市场组织形式，"互惠契约"关系和"出资参股"关系则是"准市场"或"准一体化"的中间形态，而"土地反租倒包"关系其实是一种一体化的经营模式。从利益联结方式来分，吴群分析了相对稳定的买断关系、合作式利益联结、合同式利益联结、企业化利益联结、股份式或股份合作关系 5 种主要联结形式。从组织形式来分，魏艳娜经实地调研总结出"农户＋协会＋基地＋企业"的合作模式是马铃薯产业发展中应用最普遍的模式，李怡等提出通过股份合作，建立"公司＋合作组织＋基地＋农户"的模式，实现产权联结和利益机制创新。

（1）订单型合作机制，是龙头企业根据自身对农产品的生产需要，与家庭农场签订具有一定法律效力的产、销合同，合同严格规定双方的权利和义务，这种机制以契约关系为纽带，使龙头企业更好地进入竞争激烈的市场，以谋求发展。对龙头企业和家庭农场来说，一切合作都是围绕合同进行，合同是合作的基础和依据，可稳定两者之间的关系。企业和家庭农场签订原料收购合同，价格随行就市，是一种松散型的合作机制。这是多数粮食（如水稻、小麦）加工龙头企业采用的合作机制之一。

（2）订单＋服务型机制，是指龙头企业不仅与家庭农场签订合同，而且还给家庭农场提供一系列服务，如"五个统一"服务，即统一供苗、统一防疫、统一管理、统一技术、统一收购。这种合作机制使龙头企业与家庭农场之间真正形成了以"风险共担，利益共享"为最终目标的合作关系，对于稳定两者之间的关系起到了很大的作用。江苏江南生物科技有限公司便是采用"公司＋合作组织＋农户"的产业化经营模式，农民自建菇房，丹阳食用菌协会负责提供技术服务、组织回收分散菇农的鲜菇，公司负责举办培训班、提供培养料和菌种、产品包装和销售。这种模式，既能突出龙头企业在加工和市场方面的优势，也能发挥合作组织在农民组织方面的优势，两者的联结提升了农民的组织化程度、市场谈判地位，有利于增强企业与农户间联结的紧密度，属于紧密型的合作机制。

（3）一体化型合作机制，是指返租倒包型，公司将农户的土地租赁过来，给土地建立好配套设施后，再将土地租给农户，也即农户以土地入股，在企业中拥有股份，企业为农户提供服务。在这种合作机制中，农户既是农产品的供应者，也是产、供、销环节中平均利润的分享者。这种合作机制能有效地提高企业经营规模效益，家庭农场作为股东与企业的利益基本一致，属于紧密型的合作机制。

4."家庭农场＋龙头企业"的优势

（1）龙头企业让产业链风险更可控。农业企业统一制定生产规划和生产标准，以优惠价格向家庭农场提供种苗及农业生产资料，并以高于市场的价格回收农产品；家庭农场按照标准进行生产，向农业企业提供安全可靠的农产品。龙头企业的引进，不仅延长了整个产业链，实现了"降低生产成本、降低经营风险、优化资源配置、提高经济效益"的目标，在订单农业、加工销售等方向的探索也使得农业生产的自然风险和市场风险更加可控。

（2）有利于建立新的利益分配机制。通过提高家庭农场经营的现代化程度和技术水平，增加了生产中的技术含量，减少了生产环节和生产成本，从而提高了家庭农场的绝对收入。随着家庭农场合作意识增强与组织化程度的提高，具有共同利益的农户可以联合形成利益共同体，有助于提升家庭农场与企业的博弈能力。

（3）有利于形成紧密型联结机制。在产业联合体内，家庭农场与企业签订合作契约，企业为农场担保贷款，拓宽融资渠道，为农场提供种苗、技术、饲料等，并为农场培训一大批专业技术农民。农场为公司生产农产品，保证了公司的市场供应能力，减少了公司扩建商品的投入。

（三）其他模式

除了"家庭农场＋合作社"和"家庭农场＋龙头企业"两类以家庭农场为主导的产业化经营模式之外，还有以合作社为主导的"合作社＋家庭农场"或以龙头企业为主导的"龙头企业＋家庭农场"的模式等，家庭农场、合作社、龙头企业之间可以形成一种优势互补的最佳组合。

四、北京家庭农场的发展模式

目前，北京家庭农场还处于起步阶段，家庭农场数量少，且较分散，规模效益不明显。而北京农民专业合作社发展较成熟，龙头企业数量多，通过分析北京农民专业合作社和龙头企业的发展实际情况，探索适合北京家庭农场的发展之路。

（一）农民专业合作社发展情况

北京市农民专业合作社起步较早，发展比较成熟。2008年共有2 082家，2009年共有2 645家，比2008年增加27%。2014年，北京市农民专业合作社市级示范社达到141家，其中门头沟14家，房山区14家，通州区13家，顺义区12家，大兴区14家，昌平区14家，平谷区16家，怀柔区13家，密云县18家，延庆县13家。

从农民专业合作社主要业务来看，大部分以农业种植、养殖为主，还有一部分以农机服务、农产品加工销售、农产品工艺品加工类为主。以2014年北京市农民专业合作社公布的名录为例，门头沟区入选的14家合作社中经济作物种植类8家，养殖类6家（表3-2）；房山区入选的14家合作社中经济作物种植类 9 家，养殖类 4 家，农产品加工销售类 1 家（表 3-3）；通州区入选的 13 家合作社中经济作物种植类 7 家，养殖类 5 家，编织产品类 1 家（表 3-4）；顺义区入选的 12 家合作社中经济作物产销一体类 9 家，农机服务类 2 家，农产品工艺品加工类 1 家（表 3-5）；大兴区入选的 14 家合作社中经济作物种植产销一体类 12 家，养殖类 2 家（表 3-6）；昌平区入选的 14 家合作社中经济作物种植产销一体类 12 家，养殖类 2 家（表 3-7）；平谷区入选的 16 家合作社中经济作物种植产销一体类 12 家，养殖类 3 家，农机服务类 1 家（表 3-8）；怀柔区入选的 13 家合作社中经济作物种植类 5 家，养殖类 4 家，种养结合类 4 家（表 3-9）；密云区入选的 18 家合作社中经济作物种植类 9 家，养殖类 8 家，种养结合类 1 家（表 3-10）；延庆区入选的 13 家合作社中经济作物种植类 11 家，养殖类 1 家，农产品销售类 1 家（表 3-11）。

可以看出，北京农民专业合作社已经朝着产销一体化和种养相结合的方向发展，开始出现农产品工艺品加工合作社。

表 3-2　2014 年北京市农民专业合作社示范社考核合格名单（门头沟区）

序号	合作社名称
1	北京法城蜂蜜养殖专业合作社
2	北京阿芳嫂黄芩种植专业合作社
3	北京灵之秀大村山茶种植专业合作社
4	北京雁芹养鸡专业合作社
5	北京花露蝴蝶养殖专业合作社
6	北京绿纯金蜜蜂养殖专业合作社
7	北京天河水肉鸡养殖专业合作社
8	北京百安园食用菌种植专业合作社
9	北京太子墓村苹果种植专业合作社
10	北京妙峰玫瑰种植专业合作社
11	北京孟悟京白梨种植专业合作社
12	北京鲁五养殖专业合作社
13	北京大山鑫港核桃种植专业合作社
14	北京泗家香椿种植专业合作社

资料来源：百度文库（https://wenku.baidu.com/view/9e35206f53d380eb6294dd88d0d233d4b14e3f8d.html）。

表3-3　2014年北京市农民专业合作社示范社考核合格名单（房山区）

序号	合作社名称
1	北京泰华芦村种植专业合作社
2	北京京南明胜蔬菜专业合作社
3	北京绿绮花卉专业合作社
4	北京长阳百家乐葡萄种植专业合作社
5	北京琉璃河宏利肉鸭专业合作社
6	北京长阳阳兴樱桃种植专业合作社
7	北京韩继养殖专业合作社
8	北京开晟鑫农副产品专业合作社
9	北京市丽宏富民香猪专业合作社
10	北京京西礼临辉农产品种植专业合作社
11	北京利民恒华农产品种植专业合作社
12	北京市玉茹养殖专业合作社
13	北京周庄蔬菜种植专业合作社
14	北京峪龙苑林果专业合作社

资料来源：百度文库（https://wenku.baidu.com/view/9e35206f53d380eb6294dd88d0d233d4b14e3f8d.html）。

表3-4　2014年北京市农民专业合作社示范社考核合格名单（通州区）

序号	合作社名称
1	北京金诚众和生猪养殖专业合作社
2	北京手牵手养殖专业合作社
3	北京果村蔬菜专业合作社
4	北京草厂利民食用菌专业合作社
5	北京金鱼满塘观赏鱼专业合作社
6	北京裕群养殖专业合作社
7	北京七彩缘编织专业合作社
8	北京苍上欣通绿原种植专业合作社
9	北京宋庄北刘果树专业合作社
10	北京聚牧源养殖专业合作社
11	北京张家湾毅能达种植专业合作社
12	北京贻香花卉专业合作社
13	北京前堰果品专业合作社

资料来源：百度文库（https://wenku.baidu.com/view/9e35206f53d380eb6294dd88d0d233d4b14e3f8d.html）。

表 3-5　2014 年北京市农民专业合作社示范社考核合格名单（顺义区）

序号	合作社名称
1	北京绿奥蔬菜专业合作社
2	北京金旺果品产销专业合作社
3	北京兴农天力农机服务专业合作社
4	北京天天康乐果品产销专业合作社
5	北京吉祥八宝葫芦手工艺品产销专业合作社
6	北京高天顺蔬果产销专业合作社
7	北京龙湾巧嫂果品产销专业合作社
8	北京鑫利农机服务专业合作社
9	北京兴绿发果品专业合作社
10	北京绿富农果蔬产销专业合作社
11	北京前陆马蔬菜产销专业合作社
12	龙湾麒麟果品产销专业合作社

资料来源：百度文库（https://wenku.baidu.com/view/9e35206f53d380eb6294dd88d0d233d4b14e3f8d.html）。

表 3-6　2014 年北京市农民专业合作社示范社考核合格名单（大兴区）

序号	合作社名称
1	北京圣泽林梨专业合作社
2	北京大营宏光肉鸭专业合作社
3	北京鹏宇奶牛专业合作社
4	北京绿海家园农产品产销专业合作社
5	北京赵家场春华西甜瓜产销专业合作社
6	北京御丰园西洋梨专业合作社
7	北京礼贤益农蔬菜专业合作社
8	北京老宋瓜果专业合作社
9	北京京采兴农产品专业合作社
10	北京绿园天星蔬菜种植专业合作社
11	北京兴安尚农农产品产销专业合作社
12	北京市进伟草莓专业合作社
13	北京庞安路西瓜专业合作社
14	北京华瀛安绿蔬菜产销专业合作社

资料来源：百度文库（https://wenku.baidu.com/view/9e35206f53d380eb6294dd88d0d233d4b14e3f8d.html）。

表3-7 2014年北京市农民专业合作社示范社考核合格名单（昌平区）

序号	合作社名称
1	北京营坊昆利果品专业合作社
2	北京市老君堂生态养鸡专业合作社
3	北京真顺红苹果专业合作社
4	北京燕昌红板栗专业合作社
5	北京鑫城缘果品专业合作社
6	北京天润园草莓专业合作社
7	北京市流村田园盛业农业专业合作社
8	北京康寿草莓专业合作社
9	北京后白虎涧京白梨种植专业合作社
10	北京金华林养蜂专业合作社
11	北京分水岭野山杏专业合作社
12	北京军都山红苹果专业合作社
13	北京黑山寨果品专业合作社
14	北京市三合庄蟒山红果品专业合作社

资料来源：百度文库（https://wenku.baidu.com/view/9e35206f53d380eb6294dd88d0d233d4b14e3f8d.html）。

表3-8 2014年北京市农民专业合作社示范社考核合格名单（平谷区）

序号	合作社名称
1	北京京品溢香果品产销专业合作社
2	北京荣涛豌豆专业合作社
3	北京兴农达果品产销专业合作社
4	北京恒亿金利吉蔬菜产销专业合作社
5	北京宗宇浩果蔬产销专业合作社
6	北京京东绿谷蔬菜产销专业合作社
7	北京大诸山养猪专业合作社
8	北京绿都兴瑞养殖专业合作社
9	北京益达丰果蔬产销专业合作社
10	北京互联农机服务专业合作社
11	北京鸿利丰蔬菜产销专业合作社
12	北京华宫果品产销专业合作社
13	北京绿谷蜂农蜜蜂养殖专业合作社
14	北京绿谷汇德果品产销专业合作社
15	北京裕隆兴果品产销专业合作社
16	北京夏各庄田丰果品产销专业合作社

资料来源：百度文库（https://wenku.baidu.com/view/9e35206f53d380eb6294dd88d0d233d4b14e3f8d.html）。

表 3-9　2014 年北京市农民专业合作社示范社考核合格名单（怀柔区）

序号	合作社名称
1	北京万家兴业种养殖专业合作社
2	北京天富亿稼种养殖专业合作社
3	北京华海山城养殖专业合作社
4	北京凤山谷大枣专业合作社
5	北京绿神茸鹿养殖专业合作社
6	北京林生泽种植专业合作社
7	北京不夜谷官地种养殖专业合作社
8	北京聚源德种植专业合作社
9	北京渤海冷水鱼养殖专业合作社
10	北京京北宝山蔬菜产销专业合作社
11	北京新族养殖专业合作社
12	北京桃山月亮湖种养殖专业合作社
13	北京天地绿洲种植专业合作社

资料来源：百度文库（https://wenku.baidu.com/view/9e35206f53d380eb6294dd88d0d233d4b14e3f8d.html）。

表 3-10　2014 年北京市农民专业合作社示范社考核合格名单（密云县）

序号	合作社名称
1	北京京纯养蜂专业合作社
2	北京龙泉板栗种植专业合作社
3	北京东旭旺养殖专业合作社
4	北京诚凯成柴鸡养殖专业合作社
5	北京奥金达蜂产品专业合作社
6	北京密富有机苹果专业合作社
7	北京荆栗园蔬菜专业合作社
8	北京河南寨下屯种植专业合作社
9	北京民旺养猪专业合作社
10	北京市岭东肉鸡养殖专业合作社
11	北京栗联兴业板栗专业合作社
12	北京盛昌糯玉米种植专业合作社
13	北京山泉养殖专业合作社
14	北京金地达源果品专业合作社
15	北京庄头峪潮河果品专业合作社
16	北京裕民顺种植养殖专业合作社
17	北京农耘种植专业合作社
18	北京密清源养殖专业合作社

资料来源：百度文库（https://wenku.baidu.com/view/9e35206f53d380eb6294dd88d0d233d4b14e3f8d.html）。

表3-11　2014年北京市农民专业合作社示范社考核合格名单（延庆县）

序号	合作社名称
1	北京绿菜园蔬菜专业合作社
2	北京延仲养鸭专业合作社
3	北京绿富隆蔬菜产销专业合作社
4	北京市前庙村葡萄专业合作社
5	北京四海种植专业合作社
6	北京八达岭小浮坨蔬菜专业合作社
7	北京夏都果业专业合作社
8	北京千家富民农产品专业合作社
9	北京市大庄科中药材种植专业合作社
10	北京西王化种植专业合作社
11	北京王木营蔬菜种植专业合作社
12	北京花果飘香种植专业合作社
13	北京茂农种植专业合作社

资料来源：百度文库（https://wenku.baidu.com/view/9e35206f53d380eb6294dd88d0d233d4b14e3f8d.html）。

（二）龙头企业发展情况

为了促进农业产业化龙头企业的长远发展，自2003年开始，北京市开展农业产业化重点龙头企业的认定工作，在各项政策的支持和引领下，农业产业化龙头企业的数量不断增加。截至2018年，北京市农业产业化龙头企业数量不断增加，其中农业产业化重点龙头企业的数量已达168家，10年增加了121家；国家级重点农业产业化龙头企业从最初的7家发展到2018年的39家，进一步促进了北京市现代农业的发展。

农业龙头企业产业类型不断完善。首先，农业龙头企业中仍以传统种植业居多，共50家，约占龙头企业总量的30%，主要集中在农业的生产领域，经济基础也最为坚实；其次，新兴农业企业发展迅速，如休闲观光农业、特种养殖业、农业物流、农产品电商等，共29家，约占龙头企业总量的17%，是北京都市型现代农业中特色农业的典型代表，具有较大的发展潜力；最后，北京市高新技术农业企业数量较多，共39家，占比达到23%，主要分布在北京市的大兴区、海淀区和朝阳区等。高新企业的固定资产相对于传统农产品加工企业较少，但其拥有较多的自主知识产权，未来发展前景更为广阔。另外，北京还拥有6家批发市场型企业，占比为4%，如北京新发地农副产品批发市场中心、北京盛华宏林粮油批发市场有限公司、北京八里桥农产品中心批发市场有限公司等。

从北京农业龙头企业区域分布来看，北京龙头企业在各区均有分布，都发展有各自的特色产品。总体来看，顺义区的农业龙头企业数量最多，共 14 家，占总量的 14.89%，其后依次是海淀、房山、通州、怀柔、大兴、朝阳，分别占总量的 8.51%、6.38%、6.38%、4.26%、4.26%、4.26%。龙头企业分布相对较少的是密云、平谷、门头沟以及延庆等地区。

北京市各区的农业产业化龙头企业经过多年的完善与发展，其经济效益和社会效益不断攀升。据统计，2018 年北京市 168 家国家级和市级农业龙头企业中，90% 的企业总资产规模达到 3 000 万元以上，其经济实力逐年增强。与此同时，北京市通过开展"双百双促"工程，龙头企业在带动周边贫困农户致富、促进低收入村增加收入等方面也发挥了重要的作用，产生了积极的社会效益。

（三）北京家庭农场发展模式

通过分析，鉴于北京家庭农场目前所处的发展阶段，应该依托北京农民专业合作社和龙头企业的优势，采用"农民专业合作社＋家庭农场""龙头企业＋家庭农场"或"龙头企业＋合作社＋家庭农场"的发展模式。

1."农民专业合作社＋家庭农场"模式

农民专业合作社经过较长时间的发展，在农业种养殖技术、农机服务、农产品销售等方面形成了个人和家庭农场所无法比拟的优势。以种植和养殖为主要经营业务的家庭农场可以依托本地农民专业合作社，从生产技术指导、农机服务到农产品加工销售等方面得到支持，同时合作社作为村民自愿联合的组织，从情感上也愿意与家庭农场联合。

从目前北京家庭农场试点情况来看，基本上都是粮食种植型家庭农场，因此"农民专业合作社＋家庭农场"这种模式能促进家庭农场的发展。

同时农民专业合作社开始注重对农产品进行文化创意包装，出现了工艺品加工合作社以及民间博物馆，这些都有利于挖掘农产品的潜在价值，提升产品附加值，为家庭农场发展现代都市农业，如观光农业、生态农业、生态旅游、创意农业等提供技术和人才支持。

2."龙头企业＋家庭农场"模式

北京的农业龙头企业经济实力雄厚，技术水平在全国甚至世界领先，比如德青源公司是全球领先的生态农业企业，开创了可持续发展的生态农业模式，建立了全球领先的循环经济标准，引领农业产业化，持续为消费者提供高品质的生态食品和清洁能源。

龙头企业一般都制定了一套高于市场标准的企业标准，有强大的资金投资实力，家庭农场以龙头企业为主导的这种联合模式，有利于解决家庭农场融资困难以及打造生态农业、生态旅游、设施农业，尤其是精品农业品牌。

第四章

国内、国外家庭农场发展经验与启示

第一节　国内外家庭农场发展的典型模式

一、上海松江模式

从 2007 年起，为应对农业劳动力大量非农化和老龄化趋势的小农经济发展难题，上海松江区开始实践百亩左右规模的家庭农场模式。截至 2013 年年初已发展到 1 206 户，经营面积 0.915 万公顷，占全区粮田面积的 80%，其中种养结合家庭农场 53 户，机农一体家庭农场 140 户，取得了生产发展、农民增收、环境改善和保护耕地的良好效果。

上海松江家庭农场运作模式如下。

一是农场生产组织形式以家庭为单位。松江农场以同一行政村或同一村级集体经济组织的农民家庭（一般为夫妻二人，个别为父子或父女等 2～3 人）为生产单位，经营者是主要依靠家庭劳动力的自耕农民。以家庭为单位的农业生产组织形式既符合我国传统的农业生产特点，又能够提高农业生产中的协作效率。此外，松江区通过以家庭为单位的家庭农场生产，还便于集中培养农户成为种植方面的专家和能手，普及有关农业生产知识，提升农户综合经营水平。

二是农场种植规模适度增加。农场规模一般在 100～150 亩，最大规模控制在 200 亩内。家庭农场的规模是基于粮价、政策补贴、生产成本、规模效益、农村非农劳力状况、现有农机装备下家庭自耕为主的生产能力等因素而最终确定的。将家庭农场的规模定位在 100～150 亩，既保证了农业生产中的规模效益得以充分发挥，又确保这些土地完全可以由一户人家两个劳动力生产经营。

三是农场经营高效，发展模式呈现多元化格局。松江家庭农场重视推广秸秆还田，加快发展种养结合、机农一体家庭农场等，目前已经形成了多元化发展的格局。在松江 1 206 家家庭农场中，有种养结合型农场 53 家，机农结合型 140 家，专业种粮型 1 013 家。松江还根据国家种粮补贴、粮食价格、生产效益等情况，实行浮动补贴机制，细化考核奖励办法，将区财政对家庭农场每亩 200 元的土地流转费补贴调整为奖励，引导家庭农场主参与高产竞赛、农机直播，运用新农艺新技术，不断提高家庭农场生产经营水平。

四是农场承包期限适当延长。松江家庭农场的承包期至少为 3 年，而对于种养结合、机农一体型家庭农场，承包期限则能够达到 5 年以上。松江家庭农场的经营期限还与考核相挂钩，每年对家庭农场进行 2～3 次生产经营管理考核，根据考核结果和农场主培训情况延续经营权或淘汰退出。

二、浙江宁波模式

浙江宁波是家庭农场发展最早的地区之一，很早就出现了一些种植大户，随着经济的发展以及政府的引导，进行工商注册，成为家庭农场。到 2014 年底，全市有家庭农场 3 718 家。

浙江宁波家庭农场运作模式如下。

一是自发形成，以市场为导向，形成商业化。宁波家庭农场的发展起源较早，宁波家庭农场大多自发形成，由一些养殖大户、种植大户通过工商注册升级而来，因此有的农场与一般大户之间的区别并不是很大，也由于自发性形成，宁波家庭农场大多以市场为导向，商业化气息比较浓厚。

二是土地流转体系较为健全，规模经营相对容易。发展家庭农场通常要涉及土地的流转和集中，而宁波在这方面具有比较大的优势。宁波的县级以及乡镇的土地流转服务网络已较为健全。据宁波农业统计局统计，目前宁波土地流转率和规模经营率均在 60% 以上，比全国平均水平高出 40 个百分点。这样，宁波家庭农场的经营规模相对较大，也很容易实现规模经营。

三是经营品种丰富，产业覆盖面广。宁波家庭农场经营品种多样化，蔬菜瓜果、粮食、生猪、禽类等均有经营，形成了百花齐放式的农业产业发展。在调查的家庭农场中，有 86.7% 的农场经营种植业，主要涉及柑橘、西瓜和蔬菜等；也有一些农场以种植业为主，农产品初加工为辅；也有 13.3% 的家庭农场经营生猪、禽类的养殖业，但是比例相对较低。这可能是由浙江自身农业生产特点以及政府大力倡导发展种植业的政策导向等因素导致的。

四是农场主综合能力较强，经营效益好。宁波大部分农场规模的形成都是由小做大，农场主在经营发展过程中对专业知识、实践技能的积累比较丰富，并懂得如何契合市场需求。许多农场通过加入合作社，与龙头企业签订购销合同，申请自主商标等方式，增强了市场竞争力，提高了经济效益。

五是总体发展速度快，地区发展不平衡。随着市场经济和现代农业的发展，规模效应不断体现，政策扶持环境不断趋优，家庭农场发展速度逐步加快，但地区间发展不平衡。家庭农场在慈溪、宁海等地发展比较好，而其他地方相对较弱，数量较少，存在着明显的地区差异。

三、安徽郎溪模式

早在 2001 年，郎溪就有了第一家家庭农场——绿丰家庭农场，农场的创办人是严虎。适度规模、类型多样、政策体系稳定完善，家庭农场"郎溪模式"自成一体。郎溪家庭农场的运作模式如下。

一是适度规模，恰到好处。"郎溪模式"的农场都不是"巨无霸"，普遍是 300 ～ 500 亩的规模。

据不完全统计，全县 554 户家庭农场（含未在工商部门登记注册的）流转土地共 12 196 亩，平均 22 亩/户。在郎溪已注册的 177 个种植类家庭农场中，面积 100 ～ 200 亩的 92 个，占 51.98%；200 ～ 500 亩的 58 个，占 32.77%；500 亩以上只有 27 个，占 15.25%。适度规模的优势，简而言之，就是既有一定的规模又"船小好调头"。

以绿丰家庭农场为例。12 年前，严虎大胆试点，创办了首个家庭农场。12 年后，绿丰家庭农场面貌大大改观：农场分生态小区、试验小区、示范小区 3 个小区，年收益超过了 25 万元，并示范、带动周边 3 个乡（镇）及 1 个国有农场的近 5 万农户，社会效益十分显著，但经营规模始终没有出现爆发式的扩张。"绿丰"贡献的经验是：适度规模便于管理，能保证土地生产经营效益最大化；运用农业新品种、新技术更加积极、理性；能更好地根据市场需求进行适合自身的多样化农业生产；对分散的小面积农户生产有较大的示范、引导、培训作用。

二是类型多样，不搞"一刀切"。"郎溪模式"的可贵之处，在于它不是单一的模式，而是因地制宜、量体裁衣。在《郎溪县家庭农场认定办法》中，对 9 种产业的家庭农场进行了分类认定，没有"一刀切"。这是一个紧紧抓住"米袋子"和"菜篮子"的家庭农场集群，以粮油种植为重点，涵盖了茶叶、水产、畜牧、蔬菜、水果、烟叶、花卉苗木等各类特色产业。家庭农场走向壮大之路，就是一条创新之路。

每一个成功的农场，都找到了适合自己的路。姚维荣的"钱晨农场"以"一厂八园"的架构，在市场竞争中尽显灵活姿态；严新平的"鑫源农场"以技术立足，形成"企业＋养殖户"的生产经营格局；傅和平的"艺和农场"，先找市场再办农场，建的是"绿色银行"；严虎的"绿丰农场"办成了新产品、新技术的"试验田"。

三是政策给力，协会有力。"郎溪模式"植根于民间肥沃的土壤，它的成长同样离不开稳定连续的政策支持，离不开家庭农场协会的多重扶持。

郎溪县早在 2007 年就明确提出了"培育以家庭农场为主要形式的新型农业生产经营主体"的工作思路，在项目补助、农技服务等多方面予以支持，并每年以评选表彰的形式鼓励家庭农场发展壮大。2013 年，该县又专门出台《关于促进家庭农场持续健康发展的意见》，从 10 个方面为"郎溪模式"的提升开出了"良方"。

尤其值得一提的是，2009 年郎溪县成立了全国首个家庭农场协会。协会建立了农场主与农场主之间、农场与政府之间的桥梁和纽带，协会更多的是扶持而不干预，给会员更好的自由发展空间。在这个平台上，农场主们了解新政策、学习新技术，互通生产经营信息。为了解决资金问题，协会采取以下方式解决，如组织"银场对接会"，让金融部门与农场主们面对面交流；与银行合作，为农场担保贷款等。

四、中国台湾地区模式

中国台湾地区家庭农场运作模式如下。

一是加快土地向核心农户流转。1979 年初颁布《台湾地区家庭农场共同经营及委托经营实施要点》，鼓励农民创办相对较大的家庭农场，提倡把土地委托给较大的农户、核心农户经营。实施积极的财税政策，鼓励农户购买土地。推行农地重划政策，从 1982 年开始，政府鼓励农户以交换分合的方式，将每一农户分散的耕地予以最大限度的集中。

二是使农业资本向专业农户集聚。建立健全农村金融体系，为农业发展的资本提供保障。成立台湾行政院农业委员会负责办理农业金融业务，完善合作性金融机构如台湾合作金库、农会信用部和渔业信用部等的职能，主要负责农渔业金融业务。新建农村服务性金融机构如农业信用保证基金和台湾中央存款保险公司等，主要协助担保品不足的农户获取资金。同时给予财政补贴鼓励农户购买农业设备，加大对农业基础设施的投资，设定农业发展基金支持农业生产现代化。

三是提高农技应用水平。建立完善的推广体系，提高农业科技成果转换率，对核心农户进行素质培训，提高他们的农业科技接受能力。完善农业院校、农会培训等农业职业教育，总体提升农户的知识水平。

四是建立广泛的农民自组织，交流农户管理知识和市场信息。台湾最广泛、最重要的农民自组织就是农会，1930 年台湾颁布实施《农会法》，使其真正成为"农有、农治、农享"的公益社团法人。农户通过农会内部的交流、培训、学习实现农产品产销管理的企业化，在农会中获取市场信息，获取农业生产技术的支持。

五是大力发展工商业，造就现代农业的外部条件。允许土地自由买卖，重新调整都市发展计划，凡是在都市整体规划范围内的土地都可以变更为非农业用地，规定只有有耕作意愿并有详尽、具体的农业经营计划的农民才能被认定为自耕农，这样使农地使用变成按市场需求来主导，加快土地资源的优化配置，活化土地利用，既促进了工商业的发展，又使农业现代化发展上了一个台阶。

五、日本模式

日本人口密集，土地资源匮乏，家庭农场以小型为主。日本家庭农场模式如下。

一是政府大力扶持。为了促进家庭农场的发展，日本先后颁布和实行了《农地法》《农业基本法》和《农用地利用增进法》等法律法规，对农地使用和土地流转等都有明确的规定。日本政府还给予农业中介机构一定的优惠政策，为家庭农场发展提供了良好的保障。每年日本政府对农业的补贴总额高达4万亿日元，农民收入的60%来自政府补贴。2009年，尽管深受经济危机的影响，但日本政府的农业补贴预算仍高达25 605亿日元。此外，日本政府还为农民提供了一系列的税收优惠，包括事业税、所得税、继承税、赠与税等，吸引了大量人口从事农业生产活动。

二是健全农业社会化服务体系。日本农业社会化服务形式灵活多样，各种合作经济组织非常发达，特别是农业协助组织遍及全国，渗透农业生产的各个环节，为农户提供农业生产所需的各种服务。

三是土地利用高效化。日本的家庭农场对土地的利用效率非常高，对农田进行科学合理的规划、设计、改造、开垦和耕作，提高土地的耕种面积和土地利用率；重视生物技术的研究、推广和运用以及对施肥方法的改进和土壤的改良，提高土地的肥力和土地利用率；日本的家庭农场推行循环生态农业，部分农作物喂养家禽，家禽产生的粪便发酵后还田作为肥料使用，污水处理后用于农业灌溉，除了实现了资源合理循环使用，还提供了无污染、高质量的农产品，促进循环经济的发展；大力提高农业生产的机械化水平，提高农业生产效率。

第二节 国内外家庭农场的发展经验及比较

一、松江、宁波、郎溪家庭农场发展经验

近几年，在中央农村改革政策的激励下，家庭农场在我国一些地区已得到了较广泛的推广与实施，农业生产效率显著提高，如上海松江、浙江宁波、安徽郎溪等地，这些地区家庭农场的发展有效地提高了农民收入，促进农业可持续发展与农村经济发展。这几个典型的家庭农场经营模式的具体情况如下。

（一）科学决策引领家庭农场发展

为了鼓励家庭农场的发展，上海松江先后制定和出台了《关于鼓励发展粮食生产家庭农场的意见》《松江区家庭农场服务规范》和《关于进一步巩固家庭农场发展的指导意见》等政策，各镇也制定出台了符合当地实际情况的家庭农场发展的相关细则。浙江、安徽等省还制定出台了家庭农场的认定办法，如浙江出台的《浙江省示范性家庭农场创建办法（试行）》，安徽出台的《安徽省示范家庭农场认定办法（试行）》，规范和引导家庭农场的健康发展。这些科学的决策，颁布实施的政策和措施，为家庭农场的发展提供了良好的制度保障和引领作用。

（二）规范土地流转，保障农户利益

在家庭农场的发展过程中，为了充分保障农户的利益，确保土地流转的顺畅，上海松江区严格规范土地流转程序，要求土地流转双方签订统一的《上海市农村土地承包经营权流转合同示范文本》，确保双方利益。安徽郎溪出台了《郎溪县关于加快推进农村土地承包经营权流转的实施意见》，对土地流转应遵循的原则、土地流转方式以及管理等都做了明确规定，加强对土地流转的规范管理和指导，维护了农户的合法权益。承包土地的农户合法利益得到了保护，农户养老也有了确实保障，极大地促进了农村土地的流转，扩大了土地规模经验，加速了家庭农场的发展。

（三）支持帮扶农村发展，调动农民发展家庭农场的积极性

上海松江区制定了一系列帮农、扶农和强农的各项补贴政策，鼓励农民发展家庭农场，如出台的《关于松江区家庭农场考核和补贴的实施意见》，对良种、水稻蔬菜农药、农机具购置等，通过现金补贴、物化补贴、保险补贴等各种补贴形式为家庭农场经营者提供强力支持。据统计，上海松江当地政府给予家庭农场的财政补贴占其净收入的 3/5。

（四）逐步完善的社会化服务配套体系

家庭农场作为现代农业生产方式，离不开社会化配套服务体系。为保证家庭农场的正常运行，上海松江在农业机械、农业生产资料和农民培训等方面为家庭农场的发展提供了较为完善的配套服务。浙江宁波的家庭农场与专业合作社、农业企业等经济组织建立了广泛的联系，形成了"家庭农场 + 专业合作社""家庭农场 + 农业企业"等经营新模式。安徽出台的《关于培育发展家庭农场的意见》突出强调要强化家庭农场的农业社会化服务。完善的农业社会化服务为家庭农场集约化、专业化、组织化的发展提供强有力的支撑和保障。

综上可见，地区的经济发展状况对家庭农场的发展起到至关重要的作用。通过家庭农场的地理位置对比分析可以发现，家庭农场大多兴盛于经济比较发达、工业化程度比较高、城镇化率比较高的地区，如上海松江、浙江宁波等。根据家庭农场规模化生产的要求，基于我国土地细碎化的现状，大部分土地必须经过重新整合和规划才能达到规模化的要求，这样就只有将农村大部分劳动力转移出去，或短暂转移或永久迁走，留下的土地才相对容易集中。

从资料中还可以发现，我国家庭农场的发展离不开政府的政策鼓励和支持，农民是围绕政府政策决定自己的生产的，无论是其经营方式还是经营项目，都离不开政府政策的指导方向。

二、中国台湾地区家庭农场的发展经验

一是以家庭农场的模式发展节地型、纵深型的农地规模化、农业集约化，也是一种农业现代化。台湾人多地少，土地资源非常宝贵，现代农户的家庭农场的集约型经营更能迎合其节地型的农业现代化需求。

二是台湾地区在农户的土地经营规模较小的状态下实行激励流转、扩大经营面积的措施体现了实行现代农户的适度规模经营。

三是台湾地区通过"核心农户"建设，较好地把农业土地、资本、劳动协作统一起来。

四是台湾地区立足于自己地少的特点而倾向于土地替代型的生化技术，并通过各种手段尤其是对农户进行培训、提升其自身的技术素养来保证新技术能得到应用。

五是台湾地区通过组建广泛的农会等自组织以便充分地交流市场信息、提高农户的管理水平，注重管理和信息的重要性。

三、日本家庭农场的发展经验

（一）农地所有权和使用权的分离

日本国土狭小，农地面积仅占国土面积的 11.8%。随着日本工业化的发展，农业人口不断减少。20 世纪六七十年代，政府农地改革的重点开始由鼓励农地集中占有转向分散占有、集中经营和作业，由所有制转向使用制度的新战略上来。在农地小规模家庭占有的基础上发展协作企业，扩大经营规模，鼓励农地所有权和使用权的分离。20 世纪 70 年代开始，政府连续出台了几个有关农地改革与调整的法律法规，鼓励农田的租赁和作业委托等形式的协作生产，以避开土地集中的困难和分散的土地占有给农业发展带来的障碍因素。如以土地租佃为中心，促进土地经营权流动，促进农地的集中连片经营和共同基础设施的建设；以农协为主，帮助"核心农户"和生产合作组织妥善经营农户出租和委托作业的耕地。

（二）依靠发展生物技术，改造传统农业

日本国土面积狭小、土质贫瘠、农地细碎化，因此确立了规模小型化、经营集约化、生产专业化的家庭农场模式。发展生物技术，改造传统农业，优先实施水利化、化学化、机械化工程，并把生物技术的研究、推广和施肥方法改进、土壤改良等放在极其重要的地位，形成集约化、专业化、小型化、高品质的家庭农场特色，显著提高了家庭农场经营绩效，成为亚洲小型化家庭农场的典型代表。

（三）完善社会化服务体系，支撑家庭农场发展

社会化服务如何对日本农民进行帮助、分散的小规模经营如何面对社会

化大生产、如何应对充满竞争的国内外大市场是各国政府都需要考虑的农业难题。

日本政府的办法是：通过农协的运作将小农经营有机地融入现代化的经济运行中。农协（即农业协同组合）是具有法人地位、不以营利为目的的农民自主合作社团体。农协在日本国内可细分为全国性、都府县和市町村 3 个层次，吸纳了全国近 99% 的农户。农协的组织严密，并形成了完善的管理制度和运营机制，在农业生产的产前、产中、产后服务，以及互助共济、卫生保健、老年赡养等社会化服务方面都发挥着不可替代的巨大作用。作为农民合作的民间经济组织，农协一方面代表农民维护他们的利益，与政府或其他社会组织展开竞争与合作；另一方面，政府也通过农协来推行和贯彻农业政策，进行有效的农业规划与管理。日本农协以其农户参加的普遍性、经营事业的广泛性、组织结构的严密性和功能发挥的有效性而成为世界各国农业合作的成功典范，是日本农业在小农地权和小规模生产条件下得以顺利实现现代化的强有力的推动因素。日本农业社会化服务形式日益多样化，各种社区性的合作经济组织蓬勃发展，尤其是农业协同组织在日本政府支持下，通过其遍及全国的机构和广泛的业务活动，与农户建立各种形式的经济联系，在产前、产中、产后诸环节促使小农户同大市场对接，对于保护农民利益和日本农业现代化发展有一定的促进作用。

（四）重视从农业的中下游产业反哺农业

日本的农户作业呈现一定的集体性质，即与农产品相关的金融机构、物流机构等都具有很强的垄断特征，并将垄断利润返还日本农户，日本农户也因此成为整个日本农业产业的最大受益者。

（五）提倡规模化经营

近年来，随着城市化和老龄化的加剧，很多上年纪的日本老人不想再种地，日本的废弃耕地增多。为了有效利用耕地和提高农业生产的水平，日本政府提倡规模化经营，日本家庭农场也在不断适应这一新的变化。

日本家庭农场注重经营品牌和产品深加工，政府在扩大经营方面给予资金援助。此外，日本发展家庭农场还非常注意培养年轻人，在政策上向有意经营家庭农场的年轻人倾斜。对培养提高经营能力、农业带头人的农业经营者教育机构提供资金援助，对购买机械设施等农业经营者提供支援资金。

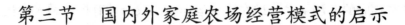

第三节　国内外家庭农场经营模式的启示

通过对国内外家庭农场的培育过程以及具体经营模式的考察和总结，可以发现家庭农场发展的一般规律，得到一些经验和启示，为进一步兴办家庭农场提供借鉴。

一、加强政策引导和扶持，为兴办家庭农场提供保障

从国内外家庭农场的历史考察中可以得出，家庭农场的兴办与发展，离不开政府各项政策的引导、支持和帮扶。家庭农场在兴建初期缺乏实践技术和资金来源，在规模经营过程中更需要资金、技术和政策的支持。所以政府要加强对家庭农场的监管和服务，引导家庭农场正常运行，并为家庭农场提供必要的资金、技术、政策支持，为家庭农场的发展提供支撑和保障。

二、加快和规范农用土地流转，为兴办家庭农场奠定基础

我国户均耕地面积小，在确保土地承包权不变的情况下发展家庭农场的关键途径就是土地流转。通过土地流转、调整土地适度规模是形成家庭农场的重要基础，也是保障家庭农场实施规模化、集约化生产经营的前提条件。因此，采用何种方式流转是兴办和培育家庭农场必须要面对和考虑的问题。借鉴对上述家庭农场的考察，首先要加强土地流转平台建设，提高土地流转服务能力；其次要依法规范土地流转程序，保障土地流转双方的合法权益；同时政府要制定和出台各种土地流转优惠政策，鼓励广大农户积极流转土地。规范顺畅的土地流转，将为家庭农场实现规模化、专业化和集约化经营奠定坚实的基础。

三、提高家庭农场的综合素质，增强发展内在动力

要实现农业现代化，首先要实现农民现代化。作为现代农业发展重要途径的家庭农场，要充分利用各种教育培训资源，加强农场生产经营者的教育培训，提高他们的生产技术水平和经营管理能力。同时，各级政府及相关部门要

宣传、倡导涉农大学生到家庭农场工作，增强家庭农场的科技水平、管理水平和市场意识，提升家庭农场的综合素质和市场竞争力。

四、建立健全家庭农场的社会化服务体系

发达国家的家庭农场之所以发达，是因为社会化服务体系十分完善。日本农业社会化服务渗透家庭农场生产经营的各个环节，为日本现代农业的发展以及家庭农场的发展发挥了关键作用。法国家庭农场实施专业化和社会化运作，成就了农产品出口世界第二、欧盟第一农业大国的美誉。上海松江、浙江宁波在享受社会化服务带来的规模效益的同时也成就了"松江模式""宁波模式"。我国家庭农场要达到发达国家水平，必须要建立健全家庭农场的社会化服务体系，提高社会化服务水平，在以生产资料和农业机械为主的产前，以技术培训、推广、应用为主的产中，以营销和信息为主的产后等各个环节为家庭农场的生产经营提供一体化服务。

第五章

北京家庭农场的发展建议

第一节　农村土地流转的建议

一、建立土地流转价格形成的市场运行机制

一是建立土地流转中介组织，使土地流转进入市场，依靠市场调节完善流转机制，推动土地流转的健康运行，降低土地流转成本。如建立农村土地流转的信息化网络平台，利用平台实现信息分享和经验交流，实现土地流转交易双方的需求对接。二是搞好土地确权及勘查类工作，制定土地流转指导价。由区县政府办牵头，组织土地、农业、水利、农经等单位，对可耕土地进行详细勘查，分成若干个类型，结合作物种植效益及市场行情，发布土地流转的指导价，避免农民漫天要价和承包价偏低等情况的发生。

二、完善农村土地流转服务体系

一是健全农村土地流转管理机构，依托农村合作经济经营管理机构，并充分发挥基层村集体经济组织的作用，逐步建立健全区（县）、镇（乡）和村三级农村土地流转的服务组织，为土地流转提供相关的法律宣传、政策咨询、流转信息、合同签订指导、矛盾纠纷调解和档案管理等系列服务。二是完善土地流转纠纷调解仲裁机制，健全乡镇土地流转纠纷调解机构。三是建立完善的土地林地交易信息相关制度，使土地林地流转价格信息透明、公开，在土地交易中保证流转双方知晓流转的具体情况。建立土地林地流转平台，及时发布土地交易状况、交易价格及交易主体等信息，使其能够为土地流转相关利益群体决策提供服务。四是健全金融服务体系，探索以土地承包经营权抵押贷款等融资渠道。

三、建立家庭农场准入和退出机制

北京家庭农场试点工作已经取得了初步成效，为了充分发挥试点成功的家庭农场的示范效应，也为了推广成功发展模式，既要体现对本集体人员的公平，又要体现对优秀农户的优先，建立家庭农场准入和退出机制，

以利于家庭农场的快速、健康发展。首先明确规定家庭农场经营者准入条件，即资格条件，同时鼓励经营效果好的家庭农场到期后续签。然后制定准入批准程序，按照制定标准、农户申请、村委会审核、民主评定、公示签约等流程，签订土地流转合同和家庭农场承包经营协议，明确家庭农场经营者经营农田的区域、面积、年限、土地租赁价格等管理内容。最后建立退出机制，加强对家庭农场的监督和考评。对新进家庭农场经营者试用1年，年度考核不合格的，自动终止家庭农场承包经营协议，考核合格的，成为正式家庭农场经营者，对于违反相关规定者取消家庭农场经营者资格。

四、完善农村社会保障体系，建立老年农民退养机制

一是完善农村的最低生活保障制度，扩大覆盖范围，提高保障金额，切实保障农民的基本生存条件；二是完善农村的养老保险和合作医疗制度，提高政府在养老金中缴纳的数额和医疗报销比例，提高农民参加养老保险和合作医疗的积极性；三是建立老年农民退养机制，在自愿的基础上，老年农民可用土地承包经营权换取每月一定金额的退养补助金，既解决了老年农民劳动力丧失后土地无人继承的问题，又解决了老年农民生活保障问题；四是完善其他种类的社会保障体系，如工伤保险、失业保险、社会救济等，解除农民顾虑，使他们能够安心地流转土地。

第二节　产业发展建议

一、明确产业布局

虽然北京农业产业发展规划明确提出"2578"格局是北京未来农业的主战场，但在全市的区域布局还有待进一步明确和细化。同时应进一步明确土地用途管制，如划定严格限制用途的粮食生产区或禁止养殖区等，这样家庭农场可以根据自己所处的区域位置选择符合北京农业产业发展规划的产业发展模式。

二、合理产业定位

产业定位是指某一区域根据自身具有的综合优势和独特优势、所处的经济发展阶段以及各产业的运行特点，合理地进行产业发展规划和布局，确定主导产业、支柱产业以及基础产业。目前北京家庭农场的试点主要是粮食种植型家庭农场，如通州区黄厂铺村家庭农场，但北京各区县的自然资源条件、区位优势、产业基础等方面都存在差异，因此选择何种类型的家庭农场不能一刀切，应根据区域特点合理进行产业定位，以便形成产业集聚乃至产业集群。以目前北京农业发展基础来看，平谷大桃、昌平苹果、大兴梨、怀柔板栗等已享誉盛名，适合发展果园种植＋服务业，通州区、顺义区、大兴区等区域地势平坦，适宜发展粮食、蔬菜等种植业的规模化生产＋服务业，门头沟区、延庆县、怀柔区等山区，适宜发展种养结合的生态产业＋服务业。

三、加大资金扶持

北京土地流转费用高，家庭农场在土地整理、机器设备购置及育苗育种等方面也需要大量的资金支出，家庭农场自身经济实力不足以支付前期所需的费用，需要外部的资金支持。一种方式是借助银行等渠道贷款，另一种方式可以通过政府补贴。从 2015 年全国家庭农场监测数据分析，北京有贷款或外债家庭农场比例占全部家庭农场的比例仅为 11.54%，其中粮食作物家庭农场比例为 0。获得各类补贴额的平均值是 23 716.70 元，而全国家庭农场获得各类补贴额的平均值是 26 443.90 元，其中粮食类家庭农场补贴，北京获得各类补贴额平均值是 50 910.60 元，远高于全国获得各类补贴额平均值 24 466.70 元。通过上面的数据可以看出，北京家庭农场进行贷款经营的比例很少，政府补贴主要扶持粮食类家庭农场，对其他类型家庭农场扶持力度很小。因此，一方面鼓励家庭农场贷款，另一方面政府应该根据产业定位加大对其他类型家庭农场的财政支持力度。

四、加强基础设施配套建设

北京家庭农场要与北京农业整体要求相一致，发展节水、低耗能、高效农业产业。家庭农场仅仅依靠农场自身技术和资金是难以实现节水、低耗能和高效的目标，需要依靠政府加大基础设施建设，如路网、水网、农业设施等，同时提升旅游服务业硬件建设，加大农田景观、村落景观、廊道景观建设，支持乡村旅游重点村开展旅游规划设计，加强古村落、旅游步道建设，打造一批主题突出、特色鲜明、多层次、多模式的农田景观，建设一批集聚连片的休闲、观光、文化传承农业示范区，促进家庭农场快速发展。

五、加强技术支持与服务

北京家庭农场无论是种植业型还是种养结合的生态产业型，都需要加强技术支持与服务。种植型家庭农场需要不断更新产品品种以适应市场不断变化的需要，种养结合型家庭农场需要构建种植业与养殖业之间的生态循环、种植业与养殖业之间配置比例以及环保处理技术的应用等，这些都需要强大的技术支持。同时如何将家庭农场生产型产业与服务业有机结合，打造和提升服务业水平，需要专业的服务指导，帮助农场主进行服务项目的设计和开发，形成家庭农场经营特色。

第三节　职业化新型农民的培育建议

一、对接产业建设，精准遴选培育对象

1. 以产业需要为导向

教育培训是提升农民素质的重要手段。职业农民培育应根据区域产业、生产规模、农民素质开展分门别类培训，增强针对性和实用性，有效满足对象需求，做到"以产业育人才，靠人才强产业"。

2. 遴选以主业为原则

根据北京农业产业发展规划，2万亩畜禽养殖占地、5万亩渔业养殖、70万亩菜田、80万亩粮田（其中20万亩是景观农田）组成的"2578"格局是未来北京农业的主战场，北京家庭农场产业将主要集中在畜禽、渔业、蔬菜、粮食、花卉以及林果等产业中。从北京农业产业结构调整的角度，按照"调粮、保菜、做精畜牧水产业"的总体要求，围绕主导产业确定新型职业农民重点培育对象。

3. 精准遴选培育对象

瞄准具备职业农民雏形的种养大户，打造职业农民的核心群体；瞄准农业大中专院校的毕业生、回乡创业青年、复转军人，打造职业农民新生群体。

二、对接发展需要，强化帮扶政策支撑

1. 做好新型职业农民认定管理

抓住规模效益成果、日常培训效果、实际操作能力、示范带动效应4个环节，进行定性、定量相结合综合评价，分门别类、分层分级考核认定新型职业农民并颁发证书。建立健全培育全部信息档案，全程跟踪精细化职业农民人才管理。

2. 制定新型职业农民独享政策

针对已认定职业农民对资金、技术的需求，制定实施涵盖土地流转、设施改善、金融信贷、素质提升、"造血功能注入"等指向性惠农政策，构建新型职业农民政策扶持体系，为其产业发展壮大提供根本性的兜底支撑。

3. 夯实新型职业农民发展保障

各级农业行政主管部门要积极争取国土、人社、财政、金融等部门，把财政补贴资金、示范推广项目、土地流转政策、金融社保支持等向职业农民倾斜，保证职业农民务农种粮实惠不吃亏、养殖畜禽赚钱增效益、栽种果蔬资助收成好，让新型职业农民成为现代农业发展的"永久牌"主力军。

4. 制定相关法律法规，规范培养工作

尽快为职业农民培育立法，使培育工作有法可依。出台包含培育的意义、目标、培训机构资质、参加培育农民的条件、培育时段、培育过程、培育考核、资格认定、扶助幅度等内容的法律法规，以规范新型职业农民培育工作。

第四节　社会化服务建议

从供给方来看，土地流转意愿取决于农村劳动力的转移能力，从需求方来看，土地经营能力取决于社会化服务体系的水平。家庭农场社会化服务需求是多方面的，包括政策支持和指导服务、农地流转服务、技术及信息服务、信贷服务、农资服务、产品销售服务等，这些社会化服务需要由多样化组织提供，既有政府部门提供的政策支持和指导服务，又有政府所属事业型组织提供

的服务，还有其他产业化组织提供的服务，如合作社、龙头企业、供销社及信用社等。因此应注重完善政府服务方式，健全中介服务组织功能，建立制度性金融服务体系，构建农民专业合作社组合体系平台，提高家庭农场的社会化服务能力和水平。

一、完善政府服务方式

各级政府部门对家庭农场的支持政策包括财政、信贷、税收等多个方面，但是服务内容简单化，没有考虑家庭农场多方面的服务需求。而从政策实施的效果来看，没有进行有效的评估，缺乏系统的后续跟踪服务，缺乏对于农地流转主体个性化经营的指导。从政府为家庭农场提供的社会化服务来看，服务应更注重具体化和个性化，重视培育社会化服务中介组织并赋予其相应的权能，重视对相关政策的实施过程进行监督，并对政策执行的效果进行科学评估，以促进科学决策和科学发展。同时，政府应注重政策向注重制度建设转变，使科学合理的政策转化为法规，减少人为干扰，不能因人而异，使对家庭农场的支持更加公平、透明、合理。

二、健全中介服务组织体系

农地流转的服务体系主要是依托政府构建，缺乏真正具有独立性、具备土地储备、土地整理和相关服务功能的农地流转机构，使这些流转服务机构具有很强的政府意志，政策缺乏持续性。应建立具有独立法人资格的事业型农地流转服务体系，并逐步完善其服务功能，包括土地整理、信贷等功能。同时，应组建家庭农场服务协会，并建立市区镇三级服务体系，赋予其相应的咨询、指导、资格认定等方面功能，并在维护家庭农场权益、对外宣传、市场营销等方面发挥其积极作用。

三、建立制度性金融服务体系

缺乏制度性金融支持是家庭农场发展的最大障碍之一，近年来虽然一些地区政府建立了小额信贷担保机构，但难以从根本上解决问题。从北京家庭农场调查情况看，信贷渠道主要是商业银行、农村信用社、亲朋好友和其他渠道，而且贷款仍然有一定难度，无法满足家庭农场的信贷需求。从发达国家对家庭农场的支持看，都已经建立属于农民自己的融资体系，并设立了专门发展资金。

为进一步深化农村金融改革创新，有效盘活农村资源、资金、资产，为稳步推进农村土地制度改革提供经验和模式，2015 年 12 月，全国人大常委会通过《关于授权国务院在北京市大兴区等 232 个试点县（市、区）、天津市蓟县等 59 个试点县（市、区）行政区域分别暂时调整实施有关法律规定的决定》，大兴和平谷两个区作为北京市试点，在市委市政府、市农工委市农委的领导下积极开展起来，并取得了实效。截至试点结束的 2018 年年底，大兴、平谷两个区共完成农村承包土地的经营权抵押贷款 45 笔，抵押土地面积 1 608.3 亩，累计贷款金额 2 229 万元。2018 年试点结束后，承包土地的经营权抵押贷款工作在全市推开，但据了解，截至 2020 年 8 月底，除大兴和平谷两区继续开展此项工作外，其他各区没有真正开展起来。

北京应在制度性金融服务方面有所突破，为家庭农场的发展和壮大提供金融支持。

四、构建农民专业合作社组织体系平台

农民专业合作社虽然发展时间较长，但还没有形成合力，服务能力有限，应借鉴发达国家经验，以家庭农场为依托，构建农民专业合作社组织体系，实现合作社之间的联合与合作，共同解决产品加工、资金服务、品牌等方面面临的问题。特别要借鉴国际合作社的经验，通过股份制、股份合作制等方式，吸收供销社、信用社等农村企业参与农民专业合作社组织体系中来，共同创办为家庭农场服务的加工、资金服务等实体，通过建立合理的利益联结机制，实现多方互利、共赢的目的。

参考文献

鲍庆群，2015. 家庭农场发展与信贷支持路径研究——以安徽省滁州市为例 [J]. 华北金融（2）：44-48.

北京市农村工作委员会，等，2012-06-04. 北京市"十二五"时期都市型现代农业发展规划的通知：京政农发〔2012〕14 号 [EB /OL]. http://www.bjnw.gov.cn/zfxxgk/tz/201206/t20120615_299284.html.

北京市农村工作委员会，等，2016-12-08. 北京市"十三五"时期都市现代农业发展规划的通知：京政农发〔2016〕31 号附件 [EB/OL]. [2017-12-24]. http://www.bjnw.gov.cn/zfxxgk/fgwj/zcxwj/201612/t20161208_379050.html.

蔡瑞林，陈万明，2015. 粮食生产型家庭农场的规模经营：江苏例证 [J]. 改革（6）：81-90.

操家齐，2015. 家庭农场发展：深层问题与扶持政策的完善——基于宁波、松江、武汉、郎溪典型四地的考察 [J]. 福建农林大学学报（哲学社会科学版），18（5）：21-26.

曹晓兰，2021. 京郊两区农村承包土地经营权抵押贷款试点实践探索 [J]. 北京农村经济（3）：21-24.

陈定洋，2015. 家庭农场培育问题研究——基于安徽郎溪家庭农场调研分析 [J]. 理论与改革（5）：87-91.

陈维青，2012. 郎溪县土地流转现状及对策 [J]. 现代农业科技（19）：347，349.

陈昕，2017. 企业制度与市场组织：交易费用经济学文选 [M]. 上海：格致出版社，上海三联书店，上海人民出版社.

陈雪，宋昱荣，2012. 规模经济理论在我国农业领域中的运用 [J]. 中国物价（7）：62-64.

陈祖海，杨婷，2013. 我国家庭农场经营模式与路径探讨 [J]. 湖北农业科学（17）：4282-4286.

程帮照，2016. 畜牧业"家庭农场 + 合作社"农业产业化经营模式分析 [J]. 畜牧与饲料科学，37（2）：40-42.

道格拉斯·C·诺斯，2008.制度、制度变迁与经济绩效 [M]. 杭行译.上海：格致出版社.

丁关良，2011.土地承包经营权流转制度法律问题研究 [J].农业经济问题（3）:7-14.

杜吟棠，2002.“公司＋农户”模式初探——兼论其合理性与局限性 [J].中国农村观察（1）:30-38.

房桂芝，包乌兰托亚，江文斌，2014.家庭农场研究述评 [J].世界农业（10）:13-17.

高强，刘同山，孔祥智，2013.家庭农场的制度解析：特征、发生机制与效益 [J].经济学家（6）:48-56.

高伟凯，2007.企业所有权理论的历史演进 [J].山西财经大学学报（11）:1-7.

郭庆海，2014.土地适度规模经营尺度：效率抑或收入 [J].农业经济问题（7）:4-10.

郭熙保，冯玲玲，2015.家庭农场规模的决定因素分析：理论与实证 [J].中国农场经济（5）:82-95.

郭熙保，2013.“三化”同步与家庭农场为主体的农业规模化经营 [J].社会科学研究（3）:14-19.

韩月，彭继娥，2019.北京农业龙头企业发展分析及展望 [J].AO 农业展望（11）:80-82.

何天祺，顾颖嫣，朱福兴，等，2014.不同类型家庭农场模式对中国的经验和启发 [J].现代商业（12）:276.

贺书霞，2014.外出务工、土地流转与农业适度规模经营 [J].江西社会科学（2）:60-66.

贺欣，郑耀，李瑞芬，等，2010.北京农民专业合作社现状及趋势分析 [J].北京农学院学报（3）:46-49.

胡伟宏，陈亚萍，祁伯灿，2013.慈溪家庭农场走过十二年 [J].农村经营管理（4）:12-13.

黄新建，姜睿清，付传明，2013.以家庭农场为主体的土地适度规模经营研究 [J].求实（6）:94-96.

黄延廷，2010.家庭农场优势与农地规模化的路径选择 [J].重庆社会科学（5）:20-23.

黄延廷，崔瑞，2013.家庭农场长期存在的原因探讨 [J].浙江农业学报，25（5）:1142-1146.

黄延廷，2014.论导致农地规模化的几种因素——兼淡我国农地规模化的对策 [J].经济体制改革（4）:99-103.

黄祖辉，2008.转型、发展与制度变革：中国三农问题研究 [M].上海：上海人民出版社.

黄祖辉，2013.发展农民专业合作社 创新农业产业化经营模式 [J].湖南农业大学学报（8）：8-9.

姜长云，席凯悦，2014.关于引导农村土地流转发展农业规模经营的思考 [J].江淮论坛（4）：61-66.

姜长云，2018.龙头企业与农民合作社、家庭农场发展关系研究 [J].社会科学战线（2）：58-67.

孔祥智，钟真，谭智心，2013.加快建立新型农业社会化服务体系 [J].农机科技推广（10）：6-7.

孔祥智，2013.新型农业经营主体中合作社的角色定位 [J].中国农民合作社（11）：29.

孔祥智，2014.联合与合作是家庭农场发展的必然趋势 [J].科技致富向导（19）：19.

赖婉英，2011.诺思制度变迁理论述评 [J].经济研究导刊（34）：14-17.

兰玉杰，2004.企业所有权的概念界定与理论研究 [J].经济问题（7）：14-16.

雷原，1999.家庭土地承包制研究 [M].兰州：兰州大学出版社.

李文侠，张晓辉，2015.家庭农场适度规模经营的理论及实证分析 [J].陕西农业科学（6）：113-115.

李香芹，吴殿廷，宋金平，2005.北京山区生态经济综合分区与发展研究 [J].北京师范大学学报（自然科学版）（4）：437-440.

李兴稼，2005.北京山区生态农业的功能定位、模式与评价指标体系 [J].北京社会科学（1）：41-42.

李学兰，汪上，2010.农业组织化的实现形式：家庭农场 [J].安徽科技学院学报，24（4）：91-94.

李雅莉，2011.农业家庭农场优势的相关理论探讨 [J].农业经济（7）：14-15.

李怡，肖洪安，高岚，2011.四川水果产业化中公司与农户的利益机制分析 [J].农村经济（4）：134-136.

林红玲，2001.西方制度变迁理论述评 [J].社会科学辑刊（1）：76-80.

刘灵辉，2016.家庭农场土地征收补偿问题研究 [J].中国人口·资源与环境，26（11）：76-82.

刘圣维，2014.我国发展家庭农场需解决的问题及未来展望 [J].南方农业，8（10）：58-60.

刘文勇，张悦，2015. 农地流转背景下的家庭农场研究 [M]. 北京：中国人民大学出版社.

刘勇，田杰，余子鹏，2012. 诺斯制度变迁理论的变迁分析 [J]. 理论月刊（12）：119-123.

吕惠明，朱宇轩，2015. 基于量表问卷分析的家庭农场发展模式研究——以浙江省宁波市为例 [J]. 农业经济问题（4）：19-26.

马甫韬，吴伟萍，2010. 完善集体林权流转制度推进山区生态经济发展 [J]. 中国林业（7B）：24-25.

马佳，马莹，2010. 上海郊区农地规模经营模式优化的探讨 [J]. 地域研究与开发（3）：119-123.

马俊哲，2015. 家庭农场生产经营管理 [M]. 北京：中国农业大学出版社.

孟俊杰，田建民，等，2013. 河南省家庭农场发展中的主要问题和扶持对策 [J]. 经济学家（6）：82-85.

孟丽，钟永玲，李楠，2015. 我国新型农业经营主体功能定位及结构演变研究 [J]. 农业现代化研究，36（1）：41-45.

孟蕊，李春乔，许萍，等，2017. 新时期北京农业龙头企业竞争力现状及提升对策 [J]. 农业展望，13（11）：115-118.

孟展，徐翠兰，2013. 江苏农村土地适度规模经营问题探析 [J]. 现代农村科技（13）：71-72.

农业部农村经济体制与经营管理司，中国社会科学院农村发展研究所，2015. 中国家庭农场发展报告（2015 年）[M]. 北京：中国社会科学出版社.

农业农村部政策与改革司，中国社会科学院农村发展研究所，2018. 中国家庭农场发展报告（2018 年）[M]. 北京：中国社会科学出版社.

农业农村部政策与改革司，中国社会科学院农村发展研究所，2020. 中国家庭农场发展报告（2019 年）[M]. 北京：中国社会科学出版社.

钱克明，彭廷军，2014. 我国农户粮食生产适度规模的经济学分析 [J]. 农业经济问题（3）：4-7，110.

钱明，黄国桢，2012. 种养结合家庭农场的基本模式及发展意义 [J]. 现代农业科技（19）：294-295，297.

任修霞，2018. 农业产业化背景下"家庭农场＋合作社"模式研究 [J]. 安徽农学通报，24（18）：5-6.

任重，薛兴利，2016. 家庭农场发展问题研究综述 [J]. 理论月刊（4）：118-121.

桑福德·格罗斯曼，奥利弗·哈特，阮睿，2017. 所有权的成本和收益：一个纵向

和横向一体化理论 [J]. 经济社会体制比较（1）：14–30.

盛洪，2003. 现代制度经济学（上卷）[M]. 北京：北京大学出版社.

石璐璐，赵敏娟，2011. 陕西省农村土地流转影响因素分析——基于 462 户农户调查数据 [J]. 广东土地科学（3）：7–11.

宋金平，2002. 北京都市农业发展探讨 [J]. 农业现代化研究，23（3）：199–200.

通州旅游，2017–12–24. 金福艺农番茄联合国［EB/OL］.http://www.bytravel.cn/ Landsca pe/56/jinfuyinongfanqielianheguo.html.

汪海燕，2016. 都市农业背景下北京山区家庭农场发展研究 [J]. 北京农业职业学院学报，30（1）：20–25.

王春来，2014. 发展家庭农场的三个关键问题探讨 [J]. 农业经济问题（1）：43–48.

王东荣，方志权，章黎东，2011. 上海家庭农场发展研究 [J]. 科学发展（4）：54–58.

王光宇，张扬，2015. 借鉴国际经验培育和扶持安徽省农业社会化服务体系探讨 [J]. 世界农业（4）：180–183.

王建华，李俏，2013. 中国家庭农场发育的动力与困境及其可持续发展机制构建 [J]. 农业现代化研究，34（5）：552–555.

王建华，杨晨晨，徐玲玲，2016. 家庭农场发展的外部驱动、现实困境与路径选择——基于苏南 363 个家庭农场的现实考察 [J]. 农村经济（3）：21–26.

王睿韬，罗捷，秦小迪，2016. 家庭农场发展模式研究——以湖北省京山县为例 [J]. 中国集体经济（24）：53–54.

王胜男，2017.“家庭农场 + 农民专业合作社”经营模式研究 [D]. 合肥：安徽大学.

王政，2013–02–18. 家庭农场有望提升中国农业经营规模化［EB/OL］.http:// finance. sina.com.cn/nongye/nygd/20130218/145014572924.shtml.

魏雯，张杰，王建康，2015. 家庭农场农地流转意愿研究——基于陕西省的调查 [J]. 调研世界（11）：41–45.

魏艳娜，2008. 供应链环境下定西市马铃薯加工企业与农户合作模式研究 [D]. 兰州：甘肃农业大学.

吴群，2003. 论农业产业化利益联接形式与构建利益共同体原则 [J]. 现代财经（7）：56 – 60.

吴婷婷，余波，2014. 家庭农场发展的金融支持研究——以江苏省南通市为例 [J]. 当代经济管理（12）：47–51.

伍开群，2013. 家庭农场的理论分析 [J]. 经济纵横（6）：65–69.

肖俊彦，2013.“五化”示范标准打造现代农业——宁波市“法人”型家庭农场调

查 [J]. 中国经贸导刊（22）：45-48.

肖鹏，2015. 中国家庭农场的政策与法律 [M]. 北京：中国农业出版社.

许竹青，刘冬梅，2013. 发达国家怎样培养职业农民 [J]. 农村经营管理（10）：19-20.

杨成林，2014. 中国式家庭农场形成机制研究——基于皖中地区"小大户"的案例分析 [J]. 中国人口·资源与环境，24（6）：45-50.

杨良山，邵作仁，2013. 我国农业社会化服务体系建设的实践与思考 [J]. 浙江农业科学（3）：233-238.

杨其静，2002. 合同与企业理论前沿综述 [J]. 经济研究（1）：80-88.

杨瑞龙，1996. 现代企业产权制度 [M]. 北京：中国人民大学出版社.

杨小凯，张永生，2003. 新兴古典经济学与超边际分析 [M]. 北京：社会科学文献出版社.

杨子刚，郭庆海，2011. 供应链中玉米加工企业选择合作模式的影响因素分析——基于吉林省 45 家玉米加工龙头企业的调查 [J]. 中国农村观察（5）：57-65.

姚洋，2004. 土地、制度和农业发展 [M]. 北京：北京大学出版社.

易朝辉，段海霞，兰勇，2019. 我国家庭农场研究综述与展望 [J]. 农业经济（1）：15-17.

虞银泉，王树进，2015. 龙头企业与家庭农场合作机制的选择——基于企业层面的实证分析 [J]. 浙江农业学报，27（7）：1259-1265.

袁昌岱，操家齐，2016. 政府与市场双轮驱动下的家庭农场发展路径选择——基于上海松江、浙江宁波的调查数据分析 [J]. 上海经济研究（3）：122-131.

苑鹏，2013. "公司＋合作社＋农户"下的四种农业产业化经营模式探析——从农户福利改善的视角 [J]. 中国合作经济（7）：13-18.

曾艳波，李世忠，刘树超，等，2015. "家庭农场"创新发展模式的优势与不足 [J]. 安徽农业科学，43（2）：349-351.

张福生，2017. 我国家庭农场发展模式与经验借鉴 [J]. 河南农业（5）：9-10.

张晖明，邓霆，2002. 规模经济的理论思考 [J]. 复旦学报（社会科学版）（1）：25-29.

张美春，程根祥，2013. 家庭农场发展面临的问题与对策建议——东台市家庭农场调查 [J]，江苏农村经济（7）：24-25.

张敏，2018. "家庭农场＋合作社"经营模式探析——以江苏省苏州市为例 [J]. 北京农业职业学院学报，32（2）：28-33.

张茜，徐勇，郭恒，等，2015. 家庭农场发展的影响因素及对策——基于 SWOT

模型的实证研究 [J]. 西北农林科技大学学报（社会科学版）（3）：140-145.

张文勇，张悦，2015. 农地流转背景下的家庭农场研究 [M]. 北京：中国人民大学出版社 .

张绪科，2013. 规模家庭农场的发展优势 [J]. 农村经济学（9）：321-325.

张滢，2015."家庭农场＋合作社"的农业产业化经营新模式：制度特性、生发机制和效益分析 [J]. 农村经济（6）：3-7.

赵慧丽，李海燕，俞墨，2012. 家庭农场：宁波模式的形成、特色与挑战 [J]. 台湾农业探索（3）：14-17.

赵鲲，赵海，杨凯波，2015. 上海市松江区发展家庭农场的实践与启示 [J]. 农业经济问题（2）：9-13，110.

赵维清，边志瑾，2012. 浙江省家庭农场经营模式与社会化服务机制创新分析 [J]. 农业经济（7）：37-39.

赵晓峰，刘威，2014."家庭农场＋合作社"：农业生产经营组织体制创新的理想模式及其功能分析 [J]. 当代农村财经（7）：21-27.

周曙东，朱红根，卜琦娟，等，2008. 种稻大户订单售粮行为的影响因素分析 [J]. 农业技术经济（2）：49 - 55.

周忠丽，夏英，2014. 国外"家庭农场"发展探析 [J]. 广东农业科学（5）：22-25.

朱立志，陈金宝，2013. 郎溪县家庭农场 12 年的探索与思考 [J]. 中国农业信息（7）：12-16.

朱启臻，胡鹏辉，许汉泽，2014. 论家庭农场：优势、条件与规模 [J]. 农业经济问题（7）：11-17.

BOGER, SILKE, CONTRACTAL Q,2001. A transaction cost approach to the Polish hog market[J]. European Review of Agricultural Economics, 28（3）：79-105.

COELLI T. J., RAO D.S.P., et al, 2005. An introduction to efficiency and productivity analysis[M]. Berlin: Springer.

NICOLAI J. FOSS, 1999. The Theory of the Firm：an Introduction to Themes and Contributions[M]. London: Routledge.

OSTROM V., FEENY D., 1993. Rethinking Institutional Analysis and Development: Issues, Alternatives and Choices[M]. San Francisco: ICS Press.

RAGHURAM G. RAJAN, ZINGALES L., 1998. Power in a Theory of the Firm[J]. The Quarterly Journal of Economics, 113（2）：387-432.

SARTWELLE JD, O' BRIEN DM, TIERNEY WI, et al, 2000.The effect of per-sonal and farm characteristics upon grain marketing practices[J]. Journal of Agricultural and Applied Economics, 32（1）: 178 – 228.

WILLIAMSON O.E., 1985. The Economic Institutions of Capitalism[M].New York:The Free Press.

北京家庭农场产业发展新模式研究

一、北京家庭农场的特征及内涵

（一）家庭农场的基本特征

国内家庭农场最早出现在 20 世纪八九十年代，以浙江、江苏等地规模化种植农作物的家庭农场为主，国内学者对家庭农场也做了大量研究，对家庭农场基本特征达成以下共识：以家庭成员为主要劳动力、以农业生产为主、适度规模经营、产品商品化。

（二）北京家庭农场内涵

在都市农业背景下，北京因区位、经济发展水平和农业用地规模等的不同，家庭农场内涵有其自身特点。它是在都市农业背景下，以家庭成员为主要劳动力，以土地适度规模经营和集约化生产为基础，发展现代农业产业，延长农业产业链，集农业生产、农业体验、观光休闲、生态旅游等为一体的新型农业经营组织。

二、北京家庭农场产业发展优势

（一）都市型现代农业培养了一大批农业种植专家和能手

北京都市型现代农业发展较成熟，已经形成籽种农业、观光农业、设施农业、农产品加工业等都市型现代农业特色产业。农业科技推广的机制不断创新。围绕食用菌、西甜瓜、生猪、奶牛、鲟鱼等主导产业和特色产业，组织实施科技入户，促进了新品种与新技术的推广与应用。以果类蔬菜、生猪和观赏鱼 3 个产业为重点，推进了现代农业产业技术体系北京市创新团队建设；开办农民田间学校 627 所，启动"林果乡土专家行动计划"。累计培养学员 2 万余人，乡土专家 480 名，带动农民达 5 万户。农民的综合素质、技术创新与应用能力，农业的辐射带动能力和增收致富能力都有显著提高。

（二）农产品市场化程度高

农产品市场化程度取决于两方面，一是农产品的市场竞争地位，二是农产品的销售渠道。北京都市型现代农业注重发展高端高效农业产业，不仅在北京拥有潜力巨大的高端消费市场，而且在国际、国内市场上都很有竞争实力，如平谷大桃已经注册为国家地理标志，远销国外市场。北京建有九大农产品批发市场：新发地、岳各庄、大洋路、顺义石门、通州八里桥、锦绣大地、昌平水屯、回龙观和中央农产品批发市场。除了上述销售渠道外，北京发展会展农业，2012年世界草莓大会、国际食用菌大会和2014年世界种子大会、世界葡萄大会等，不仅为农产品提供了展示的平台，还大大促进了农产品的市场化进程。

（三）农业现代化技术应用水平高

"十三五"期间，农业用新水减少到5亿立方米左右，农业灌溉水利用系数提高到0.75，农田有效灌溉面积达到95%以上，水资源利用率提高15%以上，达到国际先进水平。高标准农田面积比重达到60%以上，节水灌溉比例达到95%以上，主要农作物耕种收综合机械化水平达到90%以上；设施生产机械化、智能化、信息化水平明显提高。

（四）农业社会化服务体系较完善

农业社会化服务体系是指为农业产前、产中、产后各个环节提供服务的各类机构和个人所形成的网络，包括政府公益性机构、农业合作组织、农业科研院校、农业企业等提供主体。北京市作为全国的政治、科技创新、文化和国际交往中心，农民专业合作社、农业科研院校和农业龙头企业为家庭农场的发展提供了较完善的农业社会化服务体系。中央在京农业科研单位有25家，全国18个国家重点农业实验室11个在北京，市农业科研单位也有44家，农业科研人员达2万人。北京有一大批农业龙头企业，如首农集团、顺鑫农业、中粮集团等，形成了"公司＋农户"，或"公司＋农民专业合作社＋农户"的合作机制，提供了较为完善的农业社会化服务体系。

（五）农业产业政策扶持力度大

北京市政府非常重视农业的发展，各项强农惠农政策不断推陈出新，实施了粮食直补、良种补贴、奶牛补贴、种猪补贴、农资综合补贴、农机具购置补贴，在全国率先建立起农田生态补偿制度。2018 年实施农业产业化项目，通过以奖代补的方式，重点支持"百企联百社"、提升农产品加工能力、互联网＋农业和品牌建设项目，进一步提升产业化水平，完善利益联结机制，让农民分享二三产业的增值收益。

三、北京在发展家庭农场产业中存在的主要问题

（一）耕地数量少，土地规模小

北京市全市土地面积 16 808 平方千米，其中山地面积 10 417.5 平方千米，占总面积的 62%；平原面积 6 390.3 平方千米，占总面积的 38%，2014 年北京市农作物播种面积为 20 万公顷，依据乡村人口为 294 万人计算，每个乡村人口农作物播种面积计算仅有 0.07 公顷。2014 年农业部开展的家庭农场典型监测数据显示，家庭农场平均经营土地规模 22.27 公顷，其中粮食型家庭农场平均经营土地规模 29.6 公顷，可以看出北京市家庭农场的土地经营规模与全国的平均水平相距甚远。

（二）农业产值比重逐年减少，农业能手数量减少

随着北京农业功能的调整，农业在地区生产总值中所占比重越来越小，农业从业人员大量减少，而新生力量因为非农产业能带来更高的经济利益，不愿意补充到农业从业队伍中，造成农业从业人员青黄不接，农业技能传承不下去，农业能手减少。

（三）土地流转成本高

土地流转是家庭农场实现规模化经营的一种有效途径，而土地流转成本会直接影响家庭农场主进行土地流转的积极性。根据农业部 2016 年中国家庭农场发展报告（附表 1），北京家庭农场样本每公顷土地租金成本都在 5 997 元以上，租金成本在 14 993 元 / 公顷以下的比例达到 25%，全国平均水平为 90.18%，租金成本在 14 993 元 / 公顷以上的比例高达 75%，全国平均水平仅为 9.82%，可见北京的土地流转成本已远远高于全国平均水平，这将直接限制家庭农场主进行土地流转的积极性。

附表1　2015年北京及全国转入土地不同租金分段的家庭农场比例

省（区、市）	[0,600) 元	[600, 1 499) 元	[1 499, 2 999) 元	[2 999, 4 498) 元	[4 498, 5 997) 元	[5 997, 7 496) 元	[7 496, 14 993) 元	≥ 14 993 元
北京（%）	0.00	0.00	0.00	0.00	0.00	15.00	10.00	75.00
全国（%）	1.84	4.18	7.94	10.25	14.82	13.53	37.62	9.82

注：数据来源：中国家庭农场发展报告（2016年）。

（四）金融贷款比例低、贷款渠道少

北京市家庭农场在有贷款或外债的比例、借款渠道等方面都落后于全国平均水平。根据2016年农业部中国家庭农场发展报告，所有省份的家庭农场均有一定比例的贷款或外债，全国平均有46.26%的家庭农场有贷款或外债，而北京家庭农场比率只有18.52%。其中，粮食作物家庭农场的贷款或外债比例为0。

按各渠道借款金额占比排序，全国家庭农场借款渠道依次为农村信用社、亲朋好友、民间借贷、邮政储蓄银行、大型商业银行、其他渠道、农民资金互助合作社、本地企业，其中农村信用合作社和亲朋好友是最重要的两个渠道，这两个渠道借款资金总和占比高达66.36%。而北京家庭农场贷款渠道只有4种，即大型商业银行、农村信用社、亲朋好友、其他渠道，占比分别为42.86%、14.29%、14.29%和28.57%。

四、北京家庭农场产业发展模式

（一）北京家庭农场产业定位

根据北京农业产业发展规划，2万亩畜禽养殖占地、5万亩渔业养殖、70万亩菜田、80万亩粮田（其中20万亩景观农田）果园组成的"2578"格局是未来北京农业的主战场，北京家庭农场产业将主要集中在畜禽、渔业、蔬菜、粮食、花卉以及林果等产业中。从北京农业产业结构调整的角度，按照"调粮、保菜、做精畜牧水产业"的总体要求，北京家庭农场产业有较大的发展空间。

（二）北京家庭农场产业发展新模式

北京家庭农场以生产性功能为基础，开发生活、生态和示范功能，延长

农业产业链，提高产业附加值，打造家庭农场特色。产业发展以种植业为基础，以规模种养结合的生态产业为重要支撑，整体提升生态景观和文化内涵，发展观光、休闲、体验等服务业，促进一二三产业融合发展，建立北京家庭农场产业发展新模式。主要包括两种类型，即"种植业＋服务业"模式和"种养结合的生态产业＋服务业"模式。

1. "种植业＋服务业"发展模式

种植业可进一步细化为粮食、蔬菜、花卉和林果业等产业，内部产业与服务业结合的方式和内容都会有所差异，具体内容如下。

（1）粮食种植＋服务业。粮食种植型家庭农场应着力发展小麦玉米籽种和杂粮等特色经济作物种植，适宜在大兴、顺义、通州等地的平原区和昌平、密云、平谷、房山等区县的浅山区实现土地规模经营。2014 年，北京市农委在通州区黄厂铺村开展试点，这个村有 90 公顷左右的耕地，村集体将试点区域划分为 8 个地块，其中面积最大地块 13.9 公顷、最小 8.3 公顷，通过民主程序择优选择了 8 户家庭，试点粮食种植业的家庭农场经营。家庭农场凭粮食种植是很难获得较高的市场收益的，尤其是在土地租金成本如此高的北京，因此粮食种植型家庭农场应选择经济价值较高的籽种业，同时与服务业相结合，利用与城区距离相对较近和交通便利等优势，打造田园风光、农耕文化、农事活动体验等休闲观光旅游，提高家庭农场经营收入。

（2）蔬菜种植＋服务业。蔬菜种植型家庭农场是以蔬菜规模化种植为主的家庭农场。为了保障北京"菜篮子"供给，北京市蔬菜种植从区域和品种上主要集中在通州、顺义和大兴。根据各区域气候和地理优势等特点，形成了不同的蔬菜种植区域特色，如近郊区由于地理优势，以生产特菜和叶菜类为主；远郊土地价格相对较为便宜，距市区较远，以生产果类菜等耐储存的大路蔬菜为主；山区昼夜温差较大，气温偏低，多生产绿色无公害蔬菜和反季节蔬菜。为了提高北京蔬菜市场的自给率，种植模式逐步由传统的单一农户种植转变为规模化种植，家庭农场作为北京正在尝试的新型农业规模化经营组织，蔬菜种植型家庭农场有很好的发展空间。

蔬菜种植型家庭农场以生产绿色、环保、纯天然蔬菜为出发点，打造特色蔬菜主题，开发蔬菜加工、生态旅游、观光休闲和蔬菜文化体验等服务功能。可以借鉴其他一些蔬菜种植规模化经营组织的经验，如金福艺农"番茄联合国"精心培育了世界多个国家 150 多个特色番茄品种，21 种颜色，千奇百异。不仅是提供丰富农产品的基地，更是人们观光休闲、体验田园生活、融入自然的好场所，目前已成熟发展为一家集观光采摘、科普教育、科技示范、餐饮住宿、休闲会议、文化艺术于一体的大型都市休闲创意农业旅游景区。

（3）花卉种植＋服务业。花卉种植型家庭农场是以花卉规模化种植为主的家庭农场。目前北京虽然还没有成型的花卉种植型家庭农场，但未来的发展空间比较大。首先，花卉种植技术比较成熟，已经形成了一批有名的花卉种植基地，如丰台花乡花卉市场、小汤山农业示范基地等。其次，市场发展前景也很乐观。北京具有首都优势、消费优势、城市化优势、文化优势等，竞争力十足，还有多方面的优势，如城市绿化建设、景观农田建设、世界花卉博览会等都能促进花卉市场的发展。北京花卉种植型家庭农场可以借鉴台湾家庭农场的发展经验，以特色主题花卉生产为基础，通过服务业延长产业链，发展观光旅游、花卉加工、特色产品销售等业务，提高产业附加值，增加家庭农场收入。

（4）果树种植＋服务业。果树种植型家庭农场是以果树种植并收获果实为主的家庭农场。结合北京各区县的资源禀赋差异和农业产业结构不断优化调整，北京果树种植已经形成了区域特色，如昌平的苹果和草莓、平谷大桃、怀柔板栗、大兴西瓜和梨等。在果树区域特色布局基础上，北京果树型家庭农场以果树种植为基础，利用果树从开花到挂果的生产过程，开发果品加工、观光、采摘以及文化创意等产业，提高产业附加值，提高家庭农场市场竞争力。以平谷区为例，每年都举办一次"北京平谷桃花节"，2017年成功举办了第十九届国际桃花音乐节，14 667公顷桃花竞相绽放，吸引了数万人观光体验，同时平谷大桃已获批地理标志产品，取得了很好的销售效益。开发以桃树为原材料的工艺品，用传统文化赋予桃树福寿、平安等内涵，作为馈赠礼物佳品。

2."种养结合的生态产业＋服务业"发展模式

家庭农场规模化养殖产生的排泄物如果不经过处理必然对环境造成危害，为了满足北京都市农业发展的需求，家庭农场养殖业通过与种植业相结合不仅可以克服购买技术、设备资金量不足的问题，而且有利于发展自然、绿色、可持续发展的生态循环农业，打造家庭农场特色。种养相结合的生态产业可以发展以下两种形式。

（1）以养殖业为主体，种植业为养殖业提供饲料，养殖业为种植业提供肥料。这种类型是按照养殖动物的营养标准和要求配置相应耕地，种植动物所需要的优质饲料，而种植业所需肥料全部来自动物排出的粪便经加工处理的有机肥。例如，牧草—作物—奶牛种养模式，建立以养奶牛为主体的牧草、杂粮的种养模式，根据奶牛营养标准配置耕地中牧草和杂粮的数量，奶牛排出的粪便经过无公害技术处理后，成为有机肥料用于种植饲草饲料，减少化肥施用量，既可以防止环境和土壤污染，又可保证奶牛产出的鲜奶达到绿色食品标准的模式。类似还有粮—菜—猪种养等。

（2）种植业和养殖业相互补充，不断延伸生态产业链条。该类型利用种植业与种植业之间、养殖业与养殖业之间、养殖业与种植业之间进行物质能量转化，不断延伸生态产业链。如稻—菇—鹅种养模式，将稻米副产品稻秸秆粉碎处理后作为食用菌平菇的营养基原料，而平菇副产品菌糠经生物处理后作为鹅的饲料，将养鹅及产生的鹅肉、鹅绒及鹅肥肝等产品副产品及鹅粪经过无公害处理后还田种植水稻，形成一个闭合的小生态系统。类似还有鸡—菜—草莓种养等。

以种养相结合的生态产业为亮点，以种植、养殖产品绿色、环保、无污染为主题，发展观光、采摘、垂钓、农副产品加工及特色餐饮等服务业，提升家庭农场综合效益。

五、北京家庭农场产业发展对策建议

北京家庭农场目前还处于试点阶段，完全依靠市场手段在全市推广"种植业＋服务业"家庭农场和"种养结合生态产业＋服务业"家庭农场可能目前还不成熟，需要从区域布局、产业定位、资金扶持、基础设施建设、技术指导与服务等方面给予相应支持。

（一）明确产业布局

虽然北京农业产业发展规划明确提出"2578"格局是北京未来农业的主战场，但在全市的区域布局还有待进一步明确和细化。同时应进一步明确土地用途管制，如划定严格限制用途的粮食生产区或禁止养殖区等，这样家庭农场可以根据自己所处的区域位置选择符合北京农业产业发展规划的产业发展模式。

（二）合理产业定位

产业定位是指某一区域根据自身具有的综合优势和独特优势、所处的经济发展阶段以及各产业的运行特点，合理地进行产业发展规划和布局，确定主导产业、支柱产业以及基础产业。目前北京家庭农场的试点主要是粮食种植型家庭农场，如通州区黄厂铺村家庭农场，但北京各区县的自然资源条件、区位优势、产业基础等方面都存在差异，因此选择何种类型的家庭农场不能一刀切，应根据区域特点合理进行产业定位，以便形成产业集聚乃至产业集群。以目前北京农业发展基础来看，平谷大桃、昌平苹果、大兴梨、怀柔板栗等已享誉盛名，适合发展果园种植＋服务业，通州、顺义、大兴等区域地势平坦，适宜发展粮食、蔬菜等种植业的规模化生产＋服务业，门头沟、延庆、怀柔等山区，适宜发展种养结合的生态产业＋服务业。

（三）加大资金扶持

北京土地流转费用高，家庭农场在土地整理、机器设备购置及育苗育种等方面也需要大量的资金支出，家庭农场自身经济实力不足以支付前期所需的费用，需要外部的资金支持。一种方式是借助银行等渠道贷款，另一种方式可以通过政府补贴。从 2015 年全国家庭农场监测数据分析，北京有贷款或外债家庭农场比例占全部家庭农场的比例仅为 11.54%，其中粮食作物家庭农场比例为 0。获得各类补贴额的平均值是 23 716.70 元，而全国家庭农场获得各类补贴额的平均值是 26 443.90 元，其中在粮食类家庭农场补贴中，北京获得各类补贴额平均值是 50 910.60 元，大大高于全国获得各类补贴额平均值 27 645.80 元。由以上数据可以看出，北京家庭农场进行贷款经营的比例很少，政府补贴主要扶持粮食类家庭农场，对其他类型家庭农场扶持力度很小。因此，一方面鼓励家庭农场贷款，另一方面政府应该根据产业定位加大对其他类型家庭农场的财政支持力度。

（四）加强基础设施配套建设

北京家庭农场要与北京农业整体要求相一致，发展节水、低耗能、高效农业产业。家庭农场仅仅依靠农场自身技术和资金是能难实现节水、低耗能和高效的目标，需要依靠政府加大基础设施建设，如路网、水网、农业设施等，同时提升旅游服务业硬件建设，加大农田景观、村落景观、廊道景观建设，支持乡村旅游重点村开展旅游规划设计，加强古村落、旅游步道建设，打造一批主题突出、特色鲜明、多层次、多模式的农田景观，建设一批集聚连片的休闲、观光、文化传承农业示范区，促进家庭农场快速发展。

（五）加强技术支持与服务

北京家庭农场无论是种植业型还是种养结合的生态产业型，都需要加强技术支持与服务。种植型家庭农场需要不断更新产品品种适应市场不断变化的需要，种养结合型家庭农场需要构建种植业、养殖业之间的生态循环，种植业与养殖业之间配置比例以及环保处理技术的应用等，这些都需要强大的技术支持。同时如何将家庭农场生产型产业与服务业有机结合，打造和提升服务业水平，需要专业的服务指导，帮助农场主进行服务项目的设计和开发，形成家庭农场经营特色。

附录2 家庭农场的相关政策与文件

农业部关于促进家庭农场发展的指导意见

各省、自治区、直辖市及计划单列市农业（农牧、农村经济）厅（局、委、办）：

近年来各地顺应形势发展需要，积极培育和发展家庭农场，取得了初步成效，积累了一定经验。为贯彻落实党的十八届三中全会、中央农村工作会议精神和中央一号文件要求，加快构建新型农业经营体系，现就促进家庭农场发展提出以下意见。

一、充分认识促进家庭农场发展的重要意义。当前，我国农业农村发展进入新阶段，要应对农业兼业化、农村空心化、农民老龄化，解决谁来种地、怎样种好地的问题，亟须加快构建新型农业经营体系。家庭农场作为新型农业经营主体，以农民家庭成员为主要劳动力，以农业经营收入为主要收入来源，利用家庭承包土地或流转土地，从事规模化、集约化、商品化农业生产，保留了农户家庭经营的内核，坚持了家庭经营的基础性地位，适合我国基本国情，符合农业生产特点，契合经济社会发展阶段，是农户家庭承包经营的升级版，已成为引领适度规模经营、发展现代农业的有生力量。各级农业部门要充分认识发展家庭农场的重要意义，把这项工作摆上重要议事日程，切实加强政策扶持和工作指导。

二、把握家庭农场基本特征。现阶段，家庭农场经营者主要是农民或其他长期从事农业生产的人员，主要依靠家庭成员而不是依靠雇工从事生产经营活动。家庭农场专门从事农业，主要进行种养业专业化生产，经营者大都接受过农业教育或技能培训，经营管理水平较高，示范带动能力较强，具有商品农产品生产能力。家庭农场经营规模适度，种养规模与家庭成员的劳动生产能力和经营管理能力相适应，符合当地确定的规模经营标准，收入水平能与当地城镇居民相当，实现较高的土地产出率、劳动生产率和资源利用率。各地要正确把握家庭农场特征，从实际出发，根据产业特点和家庭农场发展进程，引导其健康发展。

三、明确工作指导要求。在我国，家庭农场作为新生事物，还处在发展的起步阶段。当前主要是鼓励发展、支持发展，并在实践中不断探索、逐步规范。发展家庭农场要紧紧围绕提高农业综合生产能力、促进粮食生产、农业增效和农民增收来开展，要重点鼓励和扶持家庭农场发展粮食规模化生产。要坚持农村基本经营制度，以家庭承包经营为基础，在土地承包经营权有序流转的基础上，结合培育新型农业经营主体和发展农业适度规模经营，通过政策扶持、示范引导、完善服务，积极稳妥地加以推进。要充分认识到，在相当长时期内普通农户仍是农业生产经营的基础，在发展家庭农场的同时，不能忽视普通农户的地位和作用。要充分认识到，不断发展起来的家庭经营、集体经营、合作经营、企业经营等多种经营方式，各具特色、各有优势，家庭农场与专业大户、农民合作社、农业产业化经营组织、农业企业、社会化服务组织等多种经营主体，都有各自的适应性和发展空间，发展家庭农场不排斥其他农业经营形式和经营主体，不只追求一种模式、一个标准。要充分认识到，家庭农场发展是一个渐进过程，要靠农民自主选择，防止脱离当地实际、违背农民意愿、片面追求超大规模经营的倾向，人为归大堆、垒大户。

四、探索建立家庭农场管理服务制度。 为增强扶持政策的精准性、指向性，县级农业部门要建立家庭农场档案，县以上农业部门可从当地实际出发，明确家庭农场认定标准，对经营者资格、劳动力结构、收入构成、经营规模、管理水平等提出相应要求。各地要积极开展示范家庭农场创建活动，建立和发布示范家庭农场名录，引导和促进家庭农场提高经营管理水平。依照自愿原则，家庭农场可自主决定办理工商注册登记，以取得相应市场主体资格。

五、引导承包土地向家庭农场流转。 健全土地流转服务体系，为流转双方提供信息发布、政策咨询、价格评估、合同签订指导等便捷服务。引导和鼓励家庭农场经营者通过实物计租货币结算、租金动态调整、土地经营权入股保底分红等利益分配方式，稳定土地流转关系，形成适度的土地经营规模。鼓励有条件的地方将土地确权登记、互换并地与农田基础设施建设相结合，整合高标准农田建设等项目资金，建设连片成方、旱涝保收的农田，引导流向家庭农场等新型经营主体。

六、落实对家庭农场的相关扶持政策。 各级农业部门要将家庭农场纳入现有支农政策扶持范围，并予以倾斜，重点支持家庭农场稳定经营规模、改善生产条件、提高技术水平、改进经营管理等。加强与有关部门沟通协调，推动落实涉农建设项目、财政补贴、税收优惠、信贷支持、抵押担保、农业保险、设施用地等相关政策，帮助解决家庭农场发展中遇到的困难和问题。

七、强化面向家庭农场的社会化服务。 基层农业技术推广机构要把家庭农场作为重要服务对象，有效提供农业技术推广、优良品种引进、动植物疫病防控、质量检测检验、农资供应和市场营销等服务。支持有条件的家庭农场建设试验示范基地，担任农业科技示范户，参与实施农业技术推广项目。引导和鼓励各类农业社会化服务组织开展面向家庭农场的代耕代种代收、病虫害统防统治、肥料统配统施、集中育苗育秧、灌溉排水、贮藏保鲜等经营性社会化服务。

八、完善家庭农场人才支撑政策。各地要加大对家庭农场经营者的培训力度，确立培训目标、丰富培训内容、增强培训实效，有计划地开展培训。要完善相关政策措施，鼓励中高等学校特别是农业职业院校毕业生、新型农民和农村实用人才、务工经商返乡人员等兴办家庭农场。将家庭农场经营者纳入新型职业农民、农村实用人才、"阳光工程"等培育计划。完善农业职业教育制度，鼓励家庭农场经营者通过多种形式参加中高等职业教育提高学历层次，取得职业资格证书或农民技术职称。

九、引导家庭农场加强联合与合作。引导从事同类农产品生产的家庭农场通过组建协会等方式，加强相互交流与联合。鼓励家庭农场牵头或参与组建合作社，带动其他农户共同发展。鼓励工商企业通过订单农业、示范基地等方式，与家庭农场建立稳定的利益联结机制，提高农业组织化程度。

十、加强组织领导。各级农业部门要深入调查研究，积极向党委、政府反映情况、提出建议，研究制定本地区促进家庭农场发展的政策措施，加强与发改、财政、工商、国土、金融、保险等部门协作配合，形成工作合力，共同推进家庭农场健康发展。要加强对家庭农场财务管理和经营指导，做好家庭农场统计调查工作。及时总结家庭农场发展过程中的好经验、好做法，充分运用各类新闻媒体加强宣传，营造良好社会氛围。

国有农场可参照本意见，对农场职工兴办家庭农场给予指导和扶持。

农业部

2014 年 2 月 24 日

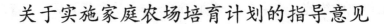

关于实施家庭农场培育计划的指导意见

各省、自治区、直辖市人民政府，国务院各部委、各直属机构：

家庭农场以家庭成员为主要劳动力，以家庭为基本经营单元，从事农业规模化、标准化、集约化生产经营，是现代农业的主要经营方式。党的十八大以来，各地区各部门按照党中央、国务院决策部署，积极引导扶持农林牧渔等各类家庭农场发展，取得了初步成效，但家庭农场仍处于起步发展阶段，发展质量不高、带动能力不强，还面临政策体系不健全、管理制度不规范、服务体系不完善等问题。为贯彻落实习近平总书记重要指示精神，加快培育发展家庭农场，发挥好其在乡村振兴中的重要作用，经国务院同意，现就实施家庭农场培育计划提出以下意见。

一、总体要求

（一）**指导思想**。以习近平新时代中国特色社会主义思想为指导，全面贯彻党的十九大和十九届二中、三中全会精神，紧紧围绕统筹推进"五位一体"总体布局和协调推进"四个全面"战略布局，落实新发展理念，坚持高质量发展，以开展家庭农场示范创建为抓手，以建立健全指导服务机制为支撑，以完善政策支持体系为保障，实施家庭农场培育计划，按照"发展一批、规范一批、提升一批、推介一批"的思路，加快培育出一大批规模适度、生产集约、管理先进、效益明显的家庭农场，为促进乡村全面振兴、实现农业农村现代化夯实基础。

（二）**基本原则**。

坚持农户主体。坚持家庭经营在农村基本经营制度中的基础性地位，鼓励有长期稳定务农意愿的农户适度扩大经营规模，发展多种类型的家庭农场，开展多种形式合作与联合。

坚持规模适度。引导家庭农场根据产业特点和自身经营管理能力，实现最佳规模效益，防止片面追求土地等生产资料过度集中，防止"垒大户"。

坚持市场导向。遵循家庭农场发展规律，充分发挥市场在推动家庭农场发展中的决定性作用，加强政府对家庭农场的引导和支持。

坚持因地制宜。鼓励各地立足实际，确定发展重点，创新家庭农场发展思路，务求实效，不搞一刀切，不搞强迫命令。

坚持示范引领。发挥典型示范作用，以点带面，以示范促发展，总结推广不同类型家庭农场的示范典型，提升家庭农场发展质量。

（三）**发展目标。**到 2020 年，支持家庭农场发展的政策体系基本建立，管理制度更加健全，指导服务机制逐步完善，家庭农场数量稳步提升，经营管理更加规范，经营产业更加多元，发展模式更加多样。到 2022 年，支持家庭农场发展的政策体系和管理制度进一步完善，家庭农场生产经营能力和带动能力得到巩固提升。

二、完善登记和名录管理制度

（四）**合理确定经营规模。**各地要以县（市、区）为单位，综合考虑当地资源条件、行业特征、农产品品种特点等，引导本地区家庭农场适度规模经营，取得最佳规模效益。把符合条件的种养大户、专业大户纳入家庭农场范围（农业农村部牵头，林草局等参与）。

（五）**优化登记注册服务。**市场监管部门要加强指导，提供优质高效的登记注册服务，按照自愿原则依法开展家庭农场登记。建立市场监管部门与农业农村部门家庭农场数据信息共享机制（市场监管总局、农业农村部牵头）。

（六）**健全家庭农场名录系统。**完善家庭农场名录信息，把农林牧渔等各类家庭农场纳入名录并动态更新，逐步规范数据采集、示范评定、运行分析等工作，为指导家庭农场发展提供支持和服务（农业农村部牵头，林草局等参与）。

三、强化示范创建引领

（七）**加强示范家庭农场创建。**各地要按照"自愿申报、择优推荐、逐级审核、动态管理"的原则，健全工作机制，开展示范家庭农场创建，引导其在发展适度规模经营、应用先进技术、实施标准化生产、纵向延伸农业产业链价值链以及带动小农户发展等方面发挥示范作用（农业农村部牵头，林草局等参与）。

（八）**开展家庭农场示范县创建。**依托乡村振兴示范县、农业绿色发展先行区、现代农业示范区等，支持有条件的地方开展家庭农场示范县创建，探索系统推进家庭农场发展的政策体系和工作机制，促进家庭农场培育工作整县推进，整体提升家庭农场发展水平（农业农村部牵头，林草局等参与）。

（九）强化典型引领带动。及时总结推广各地培育家庭农场的好经验好模式，按照可学习、易推广、能复制的要求，树立一批家庭农场发展范例。鼓励各地结合实际发展种养结合、生态循环、机农一体、产业融合等多种模式和农林牧渔等多种类型的家庭农场。按照国家有关规定，对为家庭农场发展作出突出贡献的单位、个人进行表彰（农业农村部牵头，人力资源社会保障部、林草局等参与）。

（十）鼓励各类人才创办家庭农场。总结各地经验，鼓励乡村本土能人、有返乡创业意愿和回报家乡愿望的外出农民工、优秀农村生源大中专毕业生以及科技人员等人才创办家庭农场。实施青年农场主培养计划，对青年农场主进行重点培养和创业支持（农业农村部牵头，教育部、科技部、林草局等参与）。

（十一）积极引导家庭农场发展合作经营。积极引导家庭农场领办或加入农民合作社，开展统一生产经营。探索推广家庭农场与龙头企业、社会化服务组织的合作方式，创新利益联结机制。鼓励组建家庭农场协会或联盟（农业农村部牵头，林草局等参与）。

四、建立健全政策支持体系

（十二）依法保障家庭农场土地经营权。健全土地经营权流转服务体系，鼓励土地经营权有序向家庭农场流转。推广使用统一土地流转合同示范文本。健全县乡两级土地流转服务平台，做好政策咨询、信息发布、价格评估、合同签订等服务工作。健全纠纷调解仲裁体系，有效化解土地流转纠纷。依法保护土地流转双方权利，引导土地流转双方合理确定租金水平，稳定土地流转关系，有效防范家庭农场租地风险。家庭农场通过流转取得的土地经营权，经承包方书面同意并向发包方备案，可以向金融机构融资担保（农业农村部牵头，人民银行、银保监会、林草局等参与）。

（十三）加强基础设施建设。鼓励家庭农场参与粮食生产功能区、重要农产品生产保护区、特色农产品优势区和现代农业产业园建设。支持家庭农场开展农产品产地初加工、精深加工、主食加工和综合利用加工，自建或与其他农业经营主体共建集中育秧、仓储、烘干、晾晒以及保鲜库、冷链运输、农机库棚、畜禽养殖等农业设施，开展田头市场建设。支持家庭农场参与高标准农田建设，促进集中连片经营（农业农村部牵头，发展改革委、财政部、林草局等参与）。

（十四）健全面向家庭农场的社会化服务。公益性服务机构要把家庭农场作为重点，提供技术推广、质量检测检验、疫病防控等公益性服务。鼓励农业科研人员、农技推广人员通过技术培训、定向帮扶等方式，为家庭农场提供先进适用技术。支持各类社会化服务组织为家庭农场提供耕种防收等生产性服务。鼓励和支持供销合作社发挥自身组织优势，通过多种形式服务家庭农场。探索发展农业专业化人力资源中介服务组织，解决家庭农场临时性用工需求（农业农村部牵头，科技部、人力资源社会保障部、林草局、供销合作总社等参与）。

（十五）健全家庭农场经营者培训制度。国家和省级农业农村部门要编制培训规划，县级农业农村部门要制定培训计划，使家庭农场经营者至少每3年轮训一次。在农村实用人才带头人等相关涉农培训中加大对家庭农场经营者培训力度。支持各地依托涉农院校和科研院所、农业产业化龙头企业、各类农业科技和产业园区等，采取田间学校等形式开展培训（农业农村部牵头，教育部、林草局等参与）。

（十六）强化用地保障。利用规划和标准引导家庭农场发展设施农业。鼓励各地通过多种方式加大对家庭农场建设仓储、晾晒场、保鲜库、农机库棚等设施用地支持。坚决查处违法违规在耕地上进行非农建设的行为（自然资源部牵头，农业农村部等参与）。

（十七）完善和落实财政税收政策。鼓励有条件的地方通过现有渠道安排资金，采取以奖代补等方式，积极扶持家庭农场发展，扩大家庭农场受益面。支持符合条件的家庭农场作为项目申报和实施主体参与涉农项目建设。支持家庭农场开展绿色食品、有机食品、地理标志农产品认证和品牌建设。对符合条件的家庭农场给予农业用水精准补贴和节水奖励。家庭农场生产经营活动按照规定享受相应的农业和小微企业减免税收政策（财政部牵头，水利部、农业农村部、税务总局、林草局等参与）。

（十八）加强金融保险服务。鼓励金融机构针对家庭农场开发专门的信贷产品，在商业可持续的基础上优化贷款审批流程，合理确定贷款的额度、利率和期限，拓宽抵质押物范围。开展家庭农场信用等级评价工作，鼓励金融机构对资信良好、资金周转量大的家庭农场发放信用贷款。全国农业信贷担保体系要在加强风险防控的前提下，加快对家庭农场的业务覆盖，增强家庭农场贷款的可得性。继续实施农业大灾保险、三大粮食作物完全成本保险和收入保险试点，探索开展中央财政对地方特色优势农产品保险以奖代补政策试点，有效满足家庭农场的风险保障需求。鼓励开展家庭农场综合保险试点（人民银行、财政部、银保监会牵头，农业农村部、林草局等参与）。

（十九）**支持发展"互联网+"家庭农场。**提升家庭农场经营者互联网应用水平，推动电子商务平台通过降低入驻和促销费用等方式，支持家庭农场发展农村电子商务。鼓励市场主体开发适用的数据产品，为家庭农场提供专业化、精准化的信息服务。鼓励发展互联网云农场等模式，帮助家庭农场合理安排生产计划、优化配置生产要素（商务部、农业农村部分别负责）。

（二十）**探索适合家庭农场的社会保障政策。**鼓励有条件的地方引导家庭农场经营者参加城镇职工社会保险。有条件的地方可开展对自愿退出土地承包经营权的老年农民给予养老补助试点（人力资源社会保障部、农业农村部分别负责）。

五、健全保障措施

（二十一）**加强组织领导。**地方各级政府要将促进家庭农场发展列入重要议事日程，制定本地区家庭农场培育计划并部署实施。县乡政府要积极采取措施，加强工作力量，及时解决家庭农场发展面临的困难和问题，确保各项政策落到实处（农业农村部牵头）。

（二十二）**强化部门协作。**县级以上地方政府要建立促进家庭农场发展的综合协调工作机制，加强部门配合，形成合力。农业农村部门要认真履行指导职责，牵头承担综合协调工作，会同财政部门统筹做好家庭农场财政支持政策；自然资源部门负责落实家庭农场设施用地等政策支持；市场监管部门负责在家庭农场注册登记、市场监管等方面提供支撑；金融部门负责在信贷、保险等方面提供政策支持；其他有关部门依据各自职责，加强对家庭农场支持和服务（各有关部门分别负责）。

（二十三）**加强宣传引导。**充分运用各类新闻媒体，加大力度宣传好发展家庭农场的重要意义和任务要求。密切跟踪家庭农场发展状况，宣传好家庭农场发展中出现的好典型、好案例以及各地发展家庭农场的好经验、好做法，为家庭农场发展营造良好社会舆论氛围（农业农村部牵头）。

（二十四）**推进家庭农场立法。**加强促进家庭农场发展的立法研究，加快家庭农场立法进程，为家庭农场发展提供法律保障。鼓励各地出台规范性文件或相关法规，推进家庭农场发展制度化和法制化（农业农村部牵头，司法部等参与）。

中央农村工作领导小组办公室

农业农村部

国家发展改革委

财政部　自然资源部　商务部

人民银行　市场监管总局　银保监会

全国供销合作总社　国家林草局

2019 年 8 月 27 日

农村土地经营权流转管理办法

第一章 总 则

第一条 为了规范农村土地经营权（以下简称土地经营权）流转行为，保障流转当事人合法权益，加快农业农村现代化，维护农村社会和谐稳定，根据《中华人民共和国农村土地承包法》等法律及有关规定，制定本办法。

第二条 土地经营权流转应当坚持农村土地农民集体所有、农户家庭承包经营的基本制度，保持农村土地承包关系稳定并长久不变，遵循依法、自愿、有偿原则，任何组织和个人不得强迫或者阻碍承包方流转土地经营权。

第三条 土地经营权流转不得损害农村集体经济组织和利害关系人的合法权益，不得破坏农业综合生产能力和农业生态环境，不得改变承包土地的所有权性质及其农业用途，确保农地农用，优先用于粮食生产，制止耕地"非农化"、防止耕地"非粮化"。

第四条 土地经营权流转应当因地制宜、循序渐进，把握好流转、集中、规模经营的度，流转规模应当与城镇化进程和农村劳动力转移规模相适应，与农业科技进步和生产手段改进程度相适应，与农业社会化服务水平提高相适应，鼓励各地建立多种形式的土地经营权流转风险防范和保障机制。

第五条 农业农村部负责全国土地经营权流转及流转合同管理的指导。

县级以上地方人民政府农业农村主管（农村经营管理）部门依照职责，负责本行政区域内土地经营权流转及流转合同管理。

乡（镇）人民政府负责本行政区域内土地经营权流转及流转合同管理。

第二章 流转当事人

第六条 承包方在承包期限内有权依法自主决定土地经营权是否流转，以及流转对象、方式、期限等。

第七条 土地经营权流转收益归承包方所有，任何组织和个人不得擅自截留、扣缴。

第八条 承包方自愿委托发包方、中介组织或者他人流转其土地经营权的，应当由承包方出具流转委托书。委托书应当载明委托的事项、权限和期限等，并由委托人和受托人签字或者盖章。

没有承包方的书面委托，任何组织和个人无权以任何方式决定流转承包方的土地经营权。

第九条　土地经营权流转的受让方应当为具有农业经营能力或者资质的组织和个人。在同等条件下，本集体经济组织成员享有优先权。

第十条　土地经营权流转的方式、期限、价款和具体条件，由流转双方平等协商确定。流转期限届满后，受让方享有以同等条件优先续约的权利。

第十一条　受让方应当依照有关法律法规保护土地，禁止改变土地的农业用途。禁止闲置、荒芜耕地，禁止占用耕地建窑、建坟或者擅自在耕地上建房、挖砂、采石、采矿、取土等。禁止占用永久基本农田发展林果业和挖塘养鱼。

第十二条　受让方将流转取得的土地经营权再流转以及向金融机构融资担保的，应当事先取得承包方书面同意，并向发包方备案。

第十三条　经承包方同意，受让方依法投资改良土壤，建设农业生产附属、配套设施及农业生产中直接用于作物种植和畜禽水产养殖设施的，土地经营权流转合同到期或者未到期由承包方依法提前收回承包土地时，受让方有权获得合理补偿。具体补偿办法可在土地经营权流转合同中约定或者由双方协商确定。

第三章　流转方式

第十四条　承包方可以采取出租（转包）、入股或者其他符合有关法律和国家政策规定的方式流转土地经营权。

出租（转包），是指承包方将部分或者全部土地经营权，租赁给他人从事农业生产经营。

入股，是指承包方将部分或者全部土地经营权作价出资，成为公司、合作经济组织等股东或者成员，并用于农业生产经营。

第十五条　承包方依法采取出租（转包）、入股或者其他方式将土地经营权部分或者全部流转的，承包方与发包方的承包关系不变，双方享有的权利和承担的义务不变。

第十六条　承包方自愿将土地经营权入股公司发展农业产业化经营的，可以采取优先股等方式降低承包方风险。公司解散时入股土地应当退回原承包方。

第四章　流转合同

第十七条　承包方流转土地经营权，应当与受让方在协商一致的基础上签订书面流转合同，并向发包方备案。

承包方将土地交由他人代耕不超过一年的，可以不签订书面合同。

第十八条 承包方委托发包方、中介组织或者他人流转土地经营权的，流转合同应当由承包方或者其书面委托的受托人签订。

第十九条 土地经营权流转合同一般包括以下内容：

（一）双方当事人的姓名或者名称、住所、联系方式等；

（二）流转土地的名称、四至、面积、质量等级、土地类型、地块代码等；

（三）流转的期限和起止日期；

（四）流转方式；

（五）流转土地的用途；

（六）双方当事人的权利和义务；

（七）流转价款或者股份分红，以及支付方式和支付时间；

（八）合同到期后地上附着物及相关设施的处理；

（九）土地被依法征收、征用、占用时有关补偿费的归属；

（十）违约责任。

土地经营权流转合同示范文本由农业农村部制定。

第二十条 承包方不得单方解除土地经营权流转合同，但受让方有下列情形之一的除外：

（一）擅自改变土地的农业用途；

（二）弃耕抛荒连续两年以上；

（三）给土地造成严重损害或者严重破坏土地生态环境；

（四）其他严重违约行为。

有以上情形，承包方在合理期限内不解除土地经营权流转合同的，发包方有权要求终止土地经营权流转合同。

受让方对土地和土地生态环境造成的损害应当依法予以赔偿。

第五章 流转管理

第二十一条 发包方对承包方流转土地经营权、受让方再流转土地经营权以及承包方、受让方利用土地经营权融资担保的，应当办理备案，并报告乡（镇）人民政府农村土地承包管理部门。

第二十二条 乡（镇）人民政府农村土地承包管理部门应当向达成流转意向的双方提供统一文本格式的流转合同，并指导签订。流转合同中有违反法律法规的，应当及时予以纠正。

第二十三条　乡（镇）人民政府农村土地承包管理部门应当建立土地经营权流转台账，及时准确记载流转情况。

第二十四条　乡（镇）人民政府农村土地承包管理部门应当对土地经营权流转有关文件、资料及流转合同等进行归档并妥善保管。

第二十五条　鼓励各地建立土地经营权流转市场或者农村产权交易市场。县级以上地方人民政府农业农村主管（农村经营管理）部门应当加强业务指导，督促其建立健全运行规则，规范开展土地经营权流转政策咨询、信息发布、合同签订、交易鉴证、权益评估、融资担保、档案管理等服务。

第二十六条　县级以上地方人民政府农业农村主管（农村经营管理）部门应当按照统一标准和技术规范建立国家、省、市、县等互联互通的农村土地承包信息应用平台，健全土地经营权流转合同网签制度，提升土地经营权流转规范化、信息化管理水平。

第二十七条　县级以上地方人民政府农业农村主管（农村经营管理）部门应当加强对乡（镇）人民政府农村土地承包管理部门工作的指导。乡（镇）人民政府农村土地承包管理部门应当依法开展土地经营权流转的指导和管理工作。

第二十八条　县级以上地方人民政府农业农村主管（农村经营管理）部门应当加强服务，鼓励受让方发展粮食生产；鼓励和引导工商企业等社会资本（包括法人、非法人组织或者自然人等）发展适合企业化经营的现代种养业。

县级以上地方人民政府农业农村主管（农村经营管理）部门应当根据自然经济条件、农村劳动力转移情况、农业机械化水平等因素，引导受让方发展适度规模经营，防止垒大户。

第二十九条　县级以上地方人民政府对工商企业等社会资本流转土地经营权，依法建立分级资格审查和项目审核制度。审查审核的一般程序如下：

（一）受让主体与承包方就流转面积、期限、价款等进行协商并签订流转意向协议书。涉及未承包到户集体土地等集体资源的，应当按照法定程序经本集体经济组织成员的村民会议2/3以上成员或者2/3以上村民代表的同意，并与集体经济组织签订流转意向协议书。

（二）受让主体按照分级审查审核规定，分别向乡（镇）人民政府农村土地承包管理部门或者县级以上地方人民政府农业农村主管（农村经营管理）部门提出申请，并提交流转意向协议书、农业经营能力或者资质证明、流转项目规划等相关材料。

（三）县级以上地方人民政府或者乡（镇）人民政府应当依法组织相关职能部门、农村集体经济组织代表、农民代表、专家等就土地用途、受让主体农业经营能力，以及经营项目是否符合粮食生产等产业规划等进行审查审核，并于受理之日起20个工作日内作出审查审核意见。

（四）审查审核通过的，受让主体与承包方签订土地经营权流转合同。未按规定提交审查审核申请或者审查审核未通过的，不得开展土地经营权流转活动。

第三十条　县级以上地方人民政府依法建立工商企业等社会资本通过流转取得土地经营权的风险防范制度，加强事中事后监管，及时查处纠正违法违规行为。

鼓励承包方和受让方在土地经营权流转市场或者农村产权交易市场公开交易。

对整村（组）土地经营权流转面积较大、涉及农户较多、经营风险较高的项目，流转双方可以协商设立风险保障金。

鼓励保险机构为土地经营权流转提供流转履约保证保险等多种形式保险服务。

第三十一条　农村集体经济组织为工商企业等社会资本流转土地经营权提供服务的，可以收取适量管理费用。收取管理费用的金额和方式应当由农村集体经济组织、承包方和工商企业等社会资本三方协商确定。管理费用应当纳入农村集体经济组织会计核算和财务管理，主要用于农田基本建设或者其他公益性支出。

第三十二条　县级以上地方人民政府可以根据本办法，结合本行政区域实际，制定工商企业等社会资本通过流转取得土地经营权的资格审查、项目审核和风险防范实施细则。

第三十三条　土地经营权流转发生争议或者纠纷的，当事人可以协商解决，也可以请求村民委员会、乡（镇）人民政府等进行调解。

当事人不愿意协商、调解或者协商、调解不成的，可以向农村土地承包仲裁机构申请仲裁，也可以直接向人民法院提起诉讼。

第六章　附　则

第三十四条　本办法所称农村土地，是指除林地、草地以外的，农民集体所有和国家所有依法由农民集体使用的耕地和其他用于农业的土地。

本办法所称农村土地经营权流转，是指在承包方与发包方承包关系保持不变的前提下，承包方依法在一定期限内将土地经营权部分或者全部交由他人自主开展农业生产经营的行为。

第三十五条　通过招标、拍卖和公开协商等方式承包荒山、荒沟、荒丘、荒滩等农村土地，经依法登记取得权属证书的，可以流转土地经营权，其流转管理参照本办法执行。

第三十六条　本办法自 2021 年 3 月 1 日起施行。农业部 2005 年 1 月 19 日发布的《农村土地承包经营权流转管理办法》（农业部令第 47 号）同时废止。

关于调整完善农业三项补贴政策的指导意见

各省、自治区、直辖市、计划单列市人民政府：

近年来，党中央、国务院高度重视农业补贴政策的有效实施，明确要求在稳定加大农业补贴力度的同时，逐步完善农业补贴政策，改进农业补贴办法，提高农业补贴政策效能。遵照党的十八届三中全会和近年来中央一号文件关于完善农业补贴政策、改革农业补贴制度的要求和党中央、国务院统一决策部署，财政部、农业部针对农业补贴政策实施过程中出现的突出问题，深入开展调查研究，在充分征求和广泛听取各方面意见的基础上，提出了调整完善农业补贴政策的建议，经国务院同意，决定从 2015 年调整完善农作物良种补贴、种粮农民直接补贴和农资综合补贴等三项补贴政策（以下简称农业"三项补贴"）。为积极稳妥推进调整完善农业"三项补贴"政策工作，现提出如下指导意见。

一、在全国范围内调整 20% 的农资综合补贴资金用于支持粮食适度规模经营

（一）**必要性**。自 2004 年起，国家先后实施了农业"三项补贴"，对于促进粮食生产和农民增收、推动农业农村发展发挥了积极的作用，但随着农业农村发展形势发生深刻变化，农业"三项补贴"政策效应递减，政策效能逐步降低，迫切需要调整完善。

一是转变农业发展方式迫切需要调整完善农业"三项补贴"政策。我国农业生产成本较高，种粮比较效益低，主要原因就是农业发展方式粗放，经营规模小。受制于小规模经营，无论是先进科技成果的推广应用、金融服务的提供、与市场的有效对接，还是农业标准化生产的推进、农产品质量的提高、生产效益的增加、市场竞争力的提升，都遇到很大困难。因此，加快转变农业发展方式，强化粮食安全保障能力，建设国家粮食安全、农业生态安全保障体系，迫切需要调整完善农业"三项补贴"政策，加大对粮食适度规模经营的支持力度，促进农业可持续发展。

二是提高政策效能迫切需要调整完善农业"三项补贴"政策。在多数地方，农业"三项补贴"已经演变成为农民的收入补贴，一些农民即使不种粮或者不种地，也能得到补贴。而真正从事粮食生产的种粮大户、家庭农场、农民

合作社等新型经营主体，却很难得到除自己承包耕地之外的补贴支持。农业"三项补贴"政策对调动种粮积极性、促进粮食生产的作用大大降低。因此，增强农业"三项补贴"的指向性、精准性和实效性，加大对粮食适度规模经营支持力度，提高农业"三项补贴"政策效能，迫切需要调整完善农业"三项补贴"政策。

（二）**基本内容**。根据当前化肥和柴油等农业生产资料价格下降的情况，各省、自治区、直辖市、计划单列市要从中央财政提前下达的农资综合补贴中调整20%的资金，加上种粮大户补贴试点资金和农业"三项补贴"增量资金，统筹用于支持粮食适度规模经营。支持对象为主要粮食作物的适度规模生产经营者，重点向种粮大户、家庭农场、农民合作社、农业社会化服务组织等新型经营主体倾斜，体现"谁多种粮食，就优先支持谁"。

支持发展多种形式的粮食适度规模经营，既可以支持以土地有序流转形成的土地适度规模经营，也可以支持土地股份合作和联合或土地托管方式、龙头企业与农民或合作社签订订单实现规模经营的方式、农业社会化服务组织提供专业的生产服务实现区域规模经营等其他形式的粮食适度规模经营。

各地要坚持因地制宜、简便易行、效率与公平兼顾的原则，采取积极有效的支持方式，促进粮食适度规模经营。重点支持建立完善农业信贷担保体系。通过农业信贷担保的方式为粮食适度规模经营主体贷款提供信用担保和风险补偿，着力解决新型经营主体在粮食适度规模经营中的"融资难""融资贵"问题。支持粮食适度规模经营补贴资金，主要用于支持各地尤其是粮食主产省建立农业信贷担保体系，推动形成全国性的农业信用担保体系，逐步建成覆盖粮食主产区及主要农业大县的农业信贷担保网络，强化银担合作机制，支持粮食适度规模经营。也可以采取贷款贴息、现金直补、重大技术推广与服务补助等方式支持粮食适度规模经营。对粮食适度规模经营主体贷款利息给予适当补助（不超过贷款利息的50%）。现金直补要与主要粮食作物的种植面积或技术推广服务面积挂钩，单户补贴要设置合理的补贴规模上限，防止"垒大户"。对重大技术推广与服务补助，可以采取"先服务后补助"、提供物化补助等方式。

二、选择部分地区开展农业"三项补贴"改革试点

（一）**必要性**。我国作为世界贸易组织成员，对农业的补贴受到世界贸易组织规则的约束。继续增加现有补贴种类的总量，将使我国在世界贸易组织规则总体范围内的支持空间进一步缩小，不利于我国充分利用规则调动种粮农民

积极性、进一步提高种粮农民收入水平。因此，需要改革现有农业"三项补贴"制度，将一部分农业补贴转为在世界贸易组织规则中使用不受限制的补贴，如对耕地资源的保护等。同时，加大对粮食适度规模经营的支持力度。为积极稳妥推进改革，有必要选择一部分地区开展试点。

（二）试点内容。2015年，财政部、农业部选择安徽、山东、湖南、四川和浙江等5个省，由省里选择一部分县市开展农业"三项补贴"改革试点。试点的主要内容是将农业"三项补贴"合并为"农业支持保护补贴"，政策目标调整为支持耕地地力保护和粮食适度规模经营。一是将80%的农资综合补贴存量资金，加上种粮农民直接补贴和农作物良种补贴资金，用于耕地地力保护。补贴对象为所有拥有耕地承包权的种地农民，享受补贴的农民要做到耕地不撂荒，地力不降低。补贴资金要与耕地面积或播种面积挂钩，并严格掌握补贴政策界限。对已作为畜牧养殖场使用的耕地、林地、成片粮田转为设施农业用地、非农业征（占）用耕地等已改变用途的耕地，以及长年抛荒地、占补平衡中"补"的面积和质量达不到耕种条件的耕地等不再给予补贴。同时，要调动农民加强农业生态资源保护意识，主动保护地力，鼓励秸秆还田，不露天焚烧。用于耕地地力保护的补贴资金直接现金补贴到户。二是20%的农资综合补贴存量资金，加上种粮大户补贴试点资金和农业"三项补贴"增量资金，按照全国统一调整完善政策的要求支持粮食适度规模经营。

其他地区也可根据本地实际，比照试点地区的政策和要求自主选择一部分县市开展试点，但试点范围要适当控制。2016年，农业"三项补贴"改革将在总结试点经验、进一步完善政策措施的基础上在全国范围推开。

三、切实做好调整完善农业"三项补贴"政策的各项工作

调整完善农业"三项补贴"政策事关广大农民群众利益和农业农村发展大局，事关国家粮食安全和农业可持续发展大局。地方各级人民政府及财政部门、农业部门要充分认识调整完善农业"三项补贴"政策的重要意义，统一思想，高度重视，精心组织，明确责任，加强配合，扎实工作，确保完成调整完善农业"三项补贴"政策的各项任务。

（一）切实加强组织领导。调整完善农业"三项补贴"政策由省级人民政府负总责。地方各级财政部门、农业部门要在人民政府的统一领导下，加强对具体实施工作的组织领导，建立健全工作机制，明确工作责任，密切部门合作，确保工作任务和具体责任落实到位，确保调整完善农业"三项补贴"政策

的各项工作落实到位。地方各级财政部门要安排相应的组织管理经费，保障各项工作的有序推进。

（二）认真制定具体实施方案。各省级财政部门、农业部门要结合本地实际，在充分听取各方面意见的基础上，认真制定调整完善农业"三项补贴"政策实施方案，因地制宜研究支持粮食适度规模经营的范围、支持方式，明确时间节点、任务分工和责任主体，明确政策实施的具体要求和组织保障措施。确定的具体实施方案要报请省级人民政府审定同意。各省在研究粮食适度规模经营支持方式过程中要与财政部、农业部进行沟通，省级人民政府审定的实施方案要报财政部、农业部备案。

（三）抓紧落实农业"三项补贴"政策。各地要抓紧制定2015年农业"三项补贴"政策落实方案，调整优化补贴方式，抓紧拨付80%的农资综合补贴资金和全部种粮农民直接补贴、农作物良种补贴资金，及时安全发放到农户，尽快兑付到农民手中。用于支持粮食适度规模经营的资金要抓紧研究制定具体措施，尽快落实到位。试点地区农作物良种推广可以根据需要从上级财政和本级财政安排的农业技术推广与服务补助资金中解决。

（四）切实加强农业"三项补贴"资金分配使用监管。明确部门管理职责，逐步建立管理责任体系。中央财政农业"三项补贴"资金按照耕地面积、粮食产量等因素测算切块到各省，由各省确定补贴方式和补贴标准。省级财政部门、农业部门负责项目的组织管理、任务落实、资金拨付和监督考核等管理工作，督促市县级财政部门、农业部门要做好相关基础数据采集审核、补贴资金发放等工作。对骗取、套取、贪污、挤占、挪用农业"三项补贴"资金的，或违规发放农业"三项补贴"资金的行为，将依法依规严肃处理。

（五）密切跟踪工作进展动态。中央和省级财政部门、农业部门要密切跟踪农业"三项补贴"政策调整完善工作进展动态，加强信息沟通交流，建立健全考核制度，对实施情况进行监督检查。财政部、农业部将深入有关省开展调查研究，及时了解情况，总结经验，解决问题。同时，财政部、农业部将研究制定相关制度，适时对各地农业"三项补贴"政策落实情况进行绩效考核，考核结果将作为以后年度农业补贴资金及补贴工作经费分配的重要因素。

（六）做好政策宣传解释工作。各地要切实做好舆论宣传工作，主动与社会各方面特别是基层干部群众进行沟通交流，赢得理解和支持，为政策调整完善和改革试点工作有序推进创造良好的舆论氛围和社会环境。

财政部　农业部

2015 年 5 月 13 日

中国人民银行关于做好家庭农场等
新型农业经营主体金融服务的指导意见

中国人民银行上海总部，各分行、营业管理部，各省会（首府）城市中心支行，各副省级城市中心支行；国家开发银行、各政策性银行、国有商业银行、股份制商业银行、中国邮政储蓄银行；交易商协会：

　　为贯彻落实党的十八届三中全会、中央经济工作会议、中央农村工作会议和《中共中央国务院关于全面深化农村改革加快推进农业现代化的若干意见》（中发〔2014〕1号）精神，扎实做好家庭农场等新型农业经营主体金融服务，现提出如下意见。

一、充分认识新形势下做好家庭农场等新型农业经营主体金融服务的重要意义

　　家庭农场、专业大户、农民合作社、产业化龙头企业等新型农业经营主体是当前实现农村农户经营制度基本稳定和农业适度规模经营有效结合的重要载体。培育发展家庭农场等新型农业经营主体，加大对新型农业经营主体的金融支持，对于加快推进农业现代化、促进城乡统筹发展和实现"四化同步"目标具有重要意义。人民银行各分支机构、各银行业金融机构要充分认识农业现代化发展的必然趋势和家庭农场等新型农业经营主体的历史地位，积极推动金融产品、利率、期限、额度、流程、风险控制等方面创新，合理调配信贷资源，扎实做好新型农业经营主体各项金融服务工作，支持和促进农民增收致富和现代农业加快发展。

二、切实加大对家庭农场等新型农业经营主体的信贷支持力度

　　各银行业金融机构对经营管理比较规范、主要从事农业生产、有一定生产经营规模、收益相对稳定的家庭农场等新型农业经营主体，应采取灵活方式确定承贷主体，按照"宜场则场、宜户则户、宜企则企、宜社则社"的原则，简化审贷流程，确保其合理信贷需求得到有效满足。重点支持新型农业经营主体购买农业生产资料、购置农机具、受让土地承包经营权、从事农田整理、农

田水利、大棚等基础设施建设维修等农业生产用途，发展多种形式规模经营。

三、合理确定贷款利率水平，有效降低新型农业经营主体的融资成本

对于符合条件的家庭农场等新型农业经营主体贷款，各银行业金融机构应从服务现代农业发展的大局出发，根据市场化原则，综合调配信贷资源，合理确定利率水平。对于地方政府出台了财政贴息和风险补偿政策以及通过抵质押或引入保险、担保机制等符合条件的新型农业经营主体贷款，利率原则上应低于本机构同类同档次贷款利率平均水平。各银行业金融机构在贷款利率之外不应附加收费，不得搭售理财产品或附加其他变相提高融资成本的条件，切实降低新型农业经营主体融资成本。

四、适当延长贷款期限，满足农业生产周期实际需求

对日常生产经营和农业机械购买需求，提供1年期以内短期流动资金贷款和1～3年期中长期流动资金贷款支持；对于受让土地承包经营权、农田整理、农田水利、农业科技、农业社会化服务体系建设等，可以提供3年期以上农业项目贷款支持；对于从事林木、果业、茶叶及林下经济等生长周期较长作物种植的，贷款期限最长可为10年，具体期限由金融机构与借款人根据实际情况协商确定。在贷款利率和期限确定的前提下，可适当延长本息的偿付周期，提高信贷资金的使用效率。对于林果种植等生产周期较长的贷款，各银行业金融机构可在风险可控的前提下，允许贷款到期后适当展期。

五、合理确定贷款额度，满足农业现代化经营资金需求

各银行业金融机构要根据借款人生产经营状况、偿债能力、还款来源、贷款真实需求、信用状况、担保方式等因素，合理确定新型农业经营主体贷款的最高额度。

原则上，从事种植业的专业大户和家庭农场贷款金额最高可以为借款人农业生产经营所需投入资金的70%，其他专业大户和家庭农场贷款金额最高可以为借款人农业生产经营所需投入资金的60%。家庭农场单户贷款原则上最高可达1 000万元。鼓励银行业金融机构在信用评定基础上对农村合作社示

范社开展联合授信，增加农民合作社发展资金，支持农村合作经济发展。

六、加快农村金融产品和服务方式创新，积极拓宽新型农业经营主体抵质押担保物范围

各银行业金融机构要加大农村金融产品和服务方式创新力度，针对不同类型、不同经营规模家庭农场等新型农业经营主体的差异化资金需求，提供多样化的融资方案。对于种植粮食类新型农业经营主体，应重点开展农机具抵押、存货抵押、大额订单质押、涉农直补资金担保、土地流转收益保证贷款等业务，探索开展粮食生产规模经营主体营销贷款创新产品；对于种植经济作物类新型农业经营主体，要探索蔬菜大棚抵押、现金流抵押、林权抵押、应收账款质押贷款等金融产品；对于畜禽养殖类新型农业经营主体，要重点创新厂房抵押、畜禽产品抵押、水域滩涂使用权抵押贷款业务；对产业化程度高的新型农业经营主体，要开展"新型农业经营主体＋农户"等供应链金融服务；对资信情况良好、资金周转量大的新型农业经营主体要积极发放信用贷款。人民银行各分支机构要根据中央统一部署，主动参与制定辖区试点实施方案，因地制宜，统筹规划，积极稳妥推动辖内农村土地承包经营权抵押贷款试点工作，鼓励金融机构推出专门的农村土地承包经营权抵押贷款产品，配置足够的信贷资源，创新开展农村土地承包经营权抵押贷款业务。

七、加强农村金融基础设施建设，努力提升新型农业经营主体综合金融服务水平

进一步改善农村支付环境，鼓励各商业银行大力开展农村支付业务创新，推广 POS 机、网上银行、电话银行等新型支付业务，多渠道为家庭农场提供便捷的支付结算服务。支持农村粮食、蔬菜、农产品、农业生产资料等各类专业市场使用银行卡、电子汇划等非现金支付方式。探索依托超市、农资站等组建村组金融服务联系点，深化银行卡助农取款服务和农民工银行卡特色服务，进一步丰富村组的基础性金融服务种类。完善农村支付服务政策扶持体系。持续推进农村信用体系建设，建立健全对家庭农场、专业大户、农民合作社的信用采集和评价制度，鼓励金融机构将新型农业经营主体的信用评价与信贷投放相结合，探索将家庭农场纳入征信系统管理，将家庭农场主要成员一并纳入管理，支持守信家庭农场融资。

八、切实发挥涉农金融机构在支持新型农业经营主体发展中的作用

农村信用社（包括农村商业银行、农村合作银行）要增功能，加大对新型农业经营主体的信贷投入；农业发展银行要围绕粮棉油等主要农产品的生产、收购、加工、销售，通过"产业化龙头企业＋家庭农场"等模式促进新型农业经营主体做大做强。积极支持农村土地整治开发、高标准农田建设、农田水利等农村基础设施建设，改善农业生产条件；农业银行要充分利用作为国有商业银行"面向三农"的市场定位和"三农金融事业部"改革的特殊优势，创新完善针对新型农业经营主体的贷款产品，探索服务家庭农场的新模式；邮政储蓄银行要加大对"三农"金融业务的资源配置，进一步强化县以下机构网点功能，不断丰富针对家庭农场等新型农业经营主体的信贷产品。农业发展银行、农业银行、邮政储蓄银行和农村信用社等涉农金融机构要积极探索支持新型农业经营主体的有效形式，可选择部分农业生产重点省份的县（市），提供"一对一服务"，重点支持一批家庭农场等新型农业经营主体发展现代农业。其他涉农银行业金融机构及小额贷款公司，也要在风险可控前提下，创新信贷管理体制，优化信贷管理流程，积极支持新型农业经营主体发展。

九、综合运用多种货币政策工具，支持涉农金融机构加大对家庭农场等新型农业经营主体的信贷投入

人民银行各分支机构要综合考虑差别准备金动态调整机制有关参数，引导地方法人金融机构增加县域资金投入，加大对家庭农场等新型农业经营主体的信贷支持。对于支持新型农业经营主体信贷投放较多的金融机构，要在发放支农再贷款、办理再贴现时给予优先支持。通过支农再贷款额度在地区间的调剂，不断加大对粮食主产区的倾斜，引导金融机构增加对粮食主产区新型农业经营主体的信贷支持。

十、创新信贷政策实施方式

人民银行各分支机构要将新型农业经营主体金融服务工作与农村金融产品和服务方式创新、农村金融产品创新示范县创建工作有机结合，推动涉农信

贷政策产品化，力争做到"一行一品"，确保政策落到实处。充分发挥县域法人金融机构新增存款一定比例用于当地贷款考核政策的引导作用，提高县域法人金融机构支持新型农业经营主体的意愿和能力。深入开展涉农信贷政策导向效果评估，将对新型农业经营主体的信贷投放情况纳入信贷政策导向效果评估，以评估引导带动金融机构支持新型农业经营主体发展。

十一、拓宽家庭农场等新型农业经营主体多元化融资渠道

对经工商注册为有限责任公司、达到企业化经营标准、满足规范化信息披露要求且符合债务融资工具市场发行条件的新型家庭农场，可在银行间市场建立绿色通道，探索公开或私募发债融资。支持符合条件的银行发行金融债券专项用于"三农"贷款，加强对募集资金用途的后续监督管理，有效增加新型农业经营主体信贷资金来源。鼓励支持金融机构选择涉农贷款开展信贷资产证券化试点，盘活存量资金，支持家庭农场等新型农业经营主体发展。

十二、加大政策资源整合力度

人民银行各分支机构要积极推动当地政府出台对家庭农场等新型农业经营主体贷款的风险奖补政策，切实降低新型农业经营主体融资成本。鼓励有条件的地区由政府出资设立融资性担保公司或在现有融资性担保公司中拿出专项额度，为新型农业经营主体提供贷款担保服务。各银行业金融机构要加强与办理新型农业经营主体担保业务的担保机构的合作，适当扩大保证金的放大倍数，推广"贷款＋保险"的融资模式，满足新型农业经营主体的资金需求。推动地方政府建立农村产权交易市场，探索农村集体资产有序流转的风险防范和保障制度。

十三、加强组织协调和统计监测工作

人民银行各分支机构要加强与地方政府有关部门和监管部门的沟通协调，建立信息共享和工作协调机制，确保对家庭农场等新型农业经营主体的金融服务政策落到实处。要积极开展对辖区内各经办银行的业务指导和统计分析，按户、按金融机构做好家庭农场等新型农业经营主体金融服务的季度统计报告，动态跟踪辖区内新型农业经营主体金融服务工作进展情况。同时要密切关注主

要农产品生产经营形势、供需情况、市场价格变化，防范新型农业经营主体信贷风险。

请人民银行各分支机构将本通知转发至辖区内相关金融机构，并做好贯彻落实工作，有关落实情况和问题要及时上报总行。

中国人民银行

2014 年 2 月 13 日

农业农村部关于印发《新型农业经营主体和服务主体高质量发展规划（2020—2022年）》的通知

农政改发〔2020〕2号

各省、自治区、直辖市农业农村（农牧）厅（局、委）：

为贯彻落实党中央、国务院决策部署，加快培育新型农业经营主体和服务主体，依据中办、国办印发的《关于加快构建政策体系培育新型农业经营主体的意见》《关于促进小农户和现代农业发展有机衔接的意见》等有关文件，我部编制了《新型农业经营主体和服务主体高质量发展规划（2020—2022年）》，现印发你们，请认真贯彻执行。

农业农村部

2020年3月3日

新型农业经营主体和服务主体高质量发展规划（2020—2022年）
二〇二〇年三月

引　言

在坚持农村基本经营制度基础上，大力培育发展新型农业经营主体和服务主体，不断增强其发展实力、经营活力和带动能力，是关系我国农业农村现代化的重大战略，对推进农业供给侧结构性改革、构建农业农村发展新动能、促进小农户和现代农业发展有机衔接、助力乡村全面振兴具有十分重要的意义。

为贯彻落实党中央、国务院决策部署，加快培育新型农业经营主体和服务主体，依据中办、国办印发的《关于加快构建政策体系培育新型农业经营主体的意见》《关于促进小农户和现代农业发展有机衔接的意见》等有关文件，农业农村部编制了《新型农业经营主体和服务主体高质量发展规划》。本规划中的新型农业经营主体和服务主体包括家庭农场、农民合作社和农业社会化服务组织。本规划与其他相关规划进行了衔接协调，将作为指导各地开展新型农业经营主体和服务主体培育发展工作的重要依据。

规划期限 2020—2022 年。

第一章　规划背景

一、培育发展意义重大

习近平总书记指出，发展多种形式适度规模经营，培育新型农业经营主体，是建设现代农业的前进方向和必由之路。加快培育发展新型农业经营主体和服务主体是一项重大战略，对于推进农业现代化、实现乡村全面振兴意义重大。

这是破解"未来谁来种地"问题的迫切需要。随着新型工业化、信息化、城镇化进程加快，农村劳动力大量进入城镇就业，农村 2 亿多承包农户就业和经营状态不断发生变化，"未来谁来种地、怎样种好地"问题日益凸显。家庭农场、农民合作社、农业社会化服务组织等各类新型农业经营主体和服务主体根植于农村，服务于农户和农业，在破解谁来种地难题、提升农业生产经营效率等方面发挥着越来越重要的作用。

这是实现乡村产业兴旺的迫切需要。乡村振兴的基础是产业，实现产业兴旺，迫切需要加快培育新型农业经营主体和服务主体，培养一批高素质农民，吸引人才服务于农业和农村，积极优化农业资源要素配置，推进农村一二三产业融合，实现农业高质量发展，夯实乡村全面振兴的产业基础。

这是培育农业农村新动能的迫切需要。深化农业供给侧结构性改革，培育农业农村发展新动能，是推动农业农村发展再上新台阶的重大举措。新型农业经营主体和服务主体对市场反应灵敏，对新品种新技术新装备采用能力强，具有从事绿色化生产、集约化经营的优势，具有从事新产业新业态新模式的创新精神，是促进农业农村发展的重要动能源泉。

这是促进小农户和现代农业发展有机衔接的迫切需要。新型农业经营主体和服务主体与小农户密切关联，是带动小农户的主体力量。加快培育新型农业经营主体和服务主体，要以家庭农场、农民合作社和社会化服务组织为重点，不断提升生产经营水平，增强服务和带动小农户能力，保护好小农户利益，把小农户引入现代农业发展大格局。

二、培育成效初步显现

近年来，各级政府出台支持政策，加大资金投入，鼓励社会力量积极参与新型农业经营主体和服务主体培育发展，加快构建以农户家庭经营为基础、合作与联合为纽带、社会化服务为支撑的立体式复合型现代农业经营体系。各类新型农业经营主体和服务主体不断创新模式，辐射带动小农户，促进农业规模经营稳步发展，推动新品种新技术新装备加快应用，成为乡村振兴的重要推动力量。

整体数量快速增长。截至 2018 年底，全国家庭农场达到近 60 万家，其中县级以上示范家庭农场达 8.3 万家。全国依法登记的农民合作社达到 217.3 万家，是 2012 年底的 3 倍多，其中县级以上示范社达 18 万多家。全国从事农业生产托管的社会化服务组织数量达到 37 万个。各类新型农业经营主体和服务主体快速发展，总量超过 300 万家，成为推动现代农业发展的重要力量。

发展质量不断提升。截至 2018 年底，全国家庭农场经营土地面积 1.62 亿亩，家庭农场的经营范围逐步走向多元化，从粮经结合，到种养结合，再到种养加一体化，一二三产业融合发展，经济实力不断增强。农民合作社规范化水平不断提升，依法按交易量（额）分配盈余的农民合作社数量约是 2012 年的 2.5 倍，3.5 万家农民合作社创办加工实体，近 2 万家农民合作社发展农村电子商务，7 300 多家农民合作社进军休闲农业和乡村旅游。全国以综合托管系数计算的农业生产托管面积为 3.64 亿亩，实现了集中连片种植和集约化经营，节约了生产成本，增加了经营效益。

带动效果越发明显。截至 2018 年底，全国各类家庭农场年销售农产品总值 1 946.2 亿元，平均每个家庭农场 32.4 万元。农民合作社在按交易量（额）返还盈余的基础上，平均为每个成员二次分配 1 400 多元，全国有 385.1 万个建档立卡贫困户加入了农民合作社。全国农业生产托管服务组织的服务对象数量达到 4 630 万个（户）。越来越多的新型农业经营主体和服务主体与小农户形成了紧密的利益联结机制，逐步把小农户引入现代农业发展轨道。

引领作用持续发挥。新型农业经营主体和服务主体对市场反应灵敏，能够根据市场需求组织农产品标准化、品牌化生产，加强质量安全管控，注重产销对接，促进了农业种养结构调整优化，推动了农村一二三产业融合发展，带动了农业劳动生产率不断提升。据调查，全国返乡下乡"双创"人员已达 700 多万人，大多领办或参与新型农业经营主体和服务主体，其中 80% 以上从事新产业新业态新模式和产业融合发展项目，50% 以上运用了智慧农业、遥感技术等现代信息手段。

三、短板制约依然突出

当前我国新型农业经营主体和服务主体培育虽取得显著成效，但依旧存在发展不平衡、不充分、实力不强等问题，面临的诸多短板和制约依然突出，难以满足乡村振兴和农业农村现代化的要求。从自身发展水平看，基础设施落后、经营规模偏小、集约化水平不高、产业链条不完整、经营理念不够先进等问题依然存在。发展区域性不平衡问题比较突出。家庭农场仍处于起步发展阶段，部分农民合作社运行不够规范，社会化服务组织服务能力不足、服务领域拓展不够。从外部环境看，各类新型农业经营主体和服务主体融资难、融资贵、风险高等问题仍然突出，财税、金融、用地等扶持政策不够具体，倾斜力度不够，各地农业农村部门指导服务能力亟待提升。

四、面临重要发展机遇

展望未来，加快推进新型农业经营主体和服务主体培育工作的有利条件不断积蓄。成为重要战略考虑。党中央、国务院高度重视新型农业经营主体和服务主体发展。习近平总书记指出，要把加快培育新型农业经营主体作为一项重大战略；加快构建以农户家庭经营为基础、合作与联合为纽带、社会化服务为支撑的立体式复合型现代农业经营体系。政策措施重点倾斜。党的十八大以来，一系列扶持新型农业经营主体和服务主体发展的政策措施陆续出台，《关于加快构建政策体系培育新型农业经营主体的意见》《关于实施家庭农场培育计划的指导意见》《关于开展农民合作社规范提升行动的若干意见》《关于加快发展农业生产性服务业的指导意见》等文件相继印发，家庭农场、农民合作社、农业社会化服务组织等新型农业经营主体和服务主体培育发展的政策体系逐步完善。推动高质量发展作用凸显。当前，我国经济已由高速增长阶段转向高质量发展阶段，守住"三农"战略后院，发挥好压舱石和稳定器的作用，必须大力推动农业高质量发展。新型农业经营主体和服务主体规模化、集约化、组织化程度高，是未来现代农业经营的重要方式和必然趋势，在推动农业高质量发展中承担重要使命，面临重大机遇。

第二章　总体思路

一、指导思想

以习近平新时代中国特色社会主义思想为指导，全面贯彻党的十九大和十九届二中、三中、四中全会精神，认真落实党中央、国务院决策部署，紧紧围绕统筹推进"五位一体"总体布局和协调推进"四个全面"战略布局，落实高质量发展要求，坚持农业农村优先发展，以实施乡村振兴战略为总抓手，充分发挥家庭农场、农民合作社、社会化服务组织在农业产前、产中、产后等领域的不同优势，以加快构建以农户家庭经营为基础、合作与联合为纽带、社会化服务为支撑的立体式复合型现代农业经营体系为目标，坚持不断提升经营服务能力和加强条件建设，促进各类经营主体和服务主体融合，切实保障和维护农民权益，加快培育高质量新型农业经营主体和服务主体，发挥其建设现代农业的引领推动作用，为实现乡村全面振兴和农业农村现代化提供有力支撑。

二、基本原则

坚持市场在资源配置中的决定性作用，加强政府支持引导。发挥市场在资源配置中的决定性作用，在经营规模、运行模式等方面充分尊重市场规律，尊重各类主体和农民群众的意愿，把建设的主舞台留给广大经营主体和农民群众。更好发挥政府作用，着重做好对新型农业经营主体和服务主体的公共服务、教育培训、扶持激励和监管规范，在撬动资本、激活要素等方面发挥四两拨千斤的作用。

坚持把提升发展质量和效益放在首位。不以规模和数量论英雄，以质量和效益论英雄，注重提升经营者素质，在提高质量和确保效益的前提下加快发展，防止新型农业经营主体和服务主体发展一哄而上，防止重数量轻质量。

坚持增强新型农业经营主体和服务主体对小农户的引领、带动和服务能力。立足大国小农和小农户长期存在的基本国情农情，正确处理扶持小农户发展和促进各类新型农业经营主体和服务主体发展的关系，实现新型农业经营主体和服务主体高质量发展与小农户能力持续提升相协调。

坚持因地制宜，不搞一刀切。围绕解决全局性、普遍性的短板和问题，统筹设计和推进相关扶持政策，又要因地施策，充分认识各地经济社会发展水平、资源禀赋和生产经营传统方面的差异，务求实效，不搞一刀切，不搞强迫命令。

三、发展目标

到 2022 年，家庭农场、农民合作社、农业社会化服务组织等各类新型农业经营主体和服务主体蓬勃发展，现代农业经营体系初步构建，各类主体质量、效益进一步提升，竞争能力进一步增强。具体实现以下目标。

家庭农场。到 2022 年，支持家庭农场发展的政策体系和管理制度进一步完善，家庭农场数量稳步增加，各级示范家庭农场达到 10 万家，生产经营能力和带动能力得到巩固提升（部政策改革司负责）。

农民合作社。到 2022 年，农民合作社质量提升整县推进基本实现全覆盖，示范社创建取得重要进展，农民合作社规范运行水平大幅提高，服务能力和带动效应显著增强（部合作经济司负责）。

农业社会化服务组织。到 2022 年，服务市场化、专业化、信息化水平显著提升，服务链条进一步延伸，基本形成服务结构合理、专业水平较高、服务能力较强、服务行为规范、覆盖全产业链的农业生产性服务体系（部合作经济司负责）。

新型农业经营主体和服务主体经营者。到2022年，高素质农民培训普遍开展，线上线下培训融合发展，大力开展新型农业经营主体带头人培训。新型农业经营主体和服务主体经营者培育工作覆盖所有的农业县（市、区），培育体系健全完善，培育机制灵活有效，培育条件大幅改善，新型农业经营主体和服务主体经营者队伍总体文化素质、技能水平和经营能力显著提升（部科教司负责）。

新型农业经营主体和服务主体培育发展主要指标

类型	指标名称	单位	2018年基期值	2022年指标值	指标属性
家庭农场	全国家庭农场数量	万家	60	100	预期性
	各级示范家庭农场数量	万家	8.3	10	预期性
农民合作社	农民合作社质量提升整县推进覆盖率	%	1	＞80	预期性
农业社会化服务组织	农林牧渔服务业产值占农业总产值比重	%	5.2	＞5.5	预期性
	农业生产托管服务面积	亿亩次	13.84	18	预期性
	覆盖小农户数量	万户	4 100	8 000	预期性
新型农业经营主体和服务主体经营者	新型农业经营主体和服务主体经营者参训率	%	≈4.5	＞5	预期性

指标解释：

1. 全国家庭农场数量：指按照《关于实施家庭农场培育计划的指导意见》要求，符合当地农业农村部门提出的家庭农场名录管理要求，纳入当地农业农村部门家庭农场名录的家庭农场数量。

2. 各级示范家庭农场数量：指根据县级及以上农业农村部门出台的有关办法，审查评定为示范家庭农场的数量。

3. 农民合作社质量提升整县推进覆盖率：指开展农民合作社质量提升整县推进试点县（市、区）数量占全国县（市、区）总数的比例。

4. 农林牧渔服务业产值占农业总产值比重：指农林牧渔服务业产值占农业总产值比重。

5. 农业生产托管服务面积：指农业生产托管服务小农户的耕地面积。

6. 覆盖小农户数量：指农业生产托管服务小农户和新型经营主体的数量。

7. 新型农业经营主体和服务主体经营者参训率：指县级及以上农业农村

部门指导的新型农业经营主体和服务主体中的家庭农场经营者、理事长、经理、财务负责人等接受培训的比例。

第三章　加快培育发展家庭农场

一、完善家庭农场名录管理制度

以县（市、区）为重点抓紧建立健全家庭农场名录管理制度，完善纳入名录的条件和程序，引导广大农民和各类人才创办家庭农场，同时把符合家庭农场条件的种养大户和专业大户、已在市场监管部门登记的家庭农场纳入名录管理，建立完整的家庭农场名录，实行动态管理，确保质量。健全家庭农场名录系统，及时把名录管理的家庭农场纳入系统，实现随时填报、动态更新和精准服务（部政策改革司负责）。

二、加大家庭农场示范创建力度

根据本地区劳动力状况、生产力水平、农业区域特色、家庭农场经营类别，依据经营管理能力、物质装备条件、适度经营规模、生产经营效益等因素，合理确定示范家庭农场评定标准和程序，加大示范家庭农场创建力度，加强示范引导，探索系统推进家庭农场发展的政策体系和工作机制。组织开展家庭农场典型案例征集活动，宣传推介一批家庭农场典型案例，树立一批可看可学的家庭农场发展标杆和榜样（部政策改革司负责）。

三、强化家庭农场指导服务扶持

积极协调在节本增效、绿色生态、改善设施、提高能力等方面探索一套符合家庭农场特点的支持政策，重点推动建立针对家庭农场的财政补助、信贷支持、保险保障等政策。通过支持家庭农场优先承担涉农项目等方式，引导家庭农场采用先进科技和生产手段，开展标准化生产。加强家庭农场统计和监测。强化家庭农场示范培训，提高家庭农场经营管理水平和示范带动能力。鼓励各地设计和推广使用家庭农场财务收支记录簿。积极引导家庭农场开展联合与合作（部政策改革司、计财司负责）。

四、鼓励组建家庭农场协会或联盟

积极开展区域性家庭农场协会或联盟创建，根据种养品种等行业特点和不同行业、区域的需求，有序组建一批带动能力突出、示范效应明显的家庭农场协会或联盟，逐步构建家庭农场协会或联盟体系（部政策改革司负责）。

专栏1 家庭农场培育发展工程

（一）全国家庭农场名录系统建设

统一建设全国家庭农场名录数据库，不断完善数据库设施条件，逐步完善经营人员、经营规模、经营品种、示范评定等基础信息，形成国家、省、市、县四级家庭农场名录信息采集、典型监测、发展分析体系（部政策改革司负责）。

（二）家庭农场基础设施建设

支持家庭农场参与高标准农田建设，重点建设小农户急需的通田到地末级灌溉渠道、机耕生产道路等设施，加快建设一批土地集中连片、基础设施完备的家庭农场。支持家庭农场自建或联合建设集中育秧、仓储、烘干、晾晒、保鲜库、冷链运输、农机棚库、畜禽养殖等农业设施。健全县乡两级土地流转服务平台，做好政策咨询、信息发布、价格评估、合同签订等服务工作（部政策改革司、农田建设司负责）。

（三）家庭农场能力提升

支持家庭农场采用先进技术和装备，开展产地初加工和主食加工，开展绿色食品、有机食品、地理标志农产品认证和品牌建设，提升绿色化标准化生产能力。引导家庭农场领办或加入农民合作社，积极与龙头企业、社会化服务组织建立利益联结机制，创新与销地农批市场、大型商超合作模式，保障生产与销售渠道高效对接。加强现代化新技术、新理念在家庭农场生产全过程的应用，鼓励家庭农场发展设施农业、休闲农业、智慧农业、电子商务等新产业新业态。鼓励金融机构针对家庭农场开发专门信贷产品，开展家庭农场信用等级评价，对资信良好的发放信用贷款（部政策改革司、计财司、乡村产业司负责）。

第四章 促进农民合作社规范提升

一、提升农民合作社规范化水平

指导农民合作社制定符合自身特点的章程，加强档案管理，实行社务公开。依法建立健全成员（代表）大会、理事会、监事会等组织机构。执行财务会计制度，设置会计账簿，建立会计档案，规范会计核算，公开财务报告。依法建立成员账户，加强内部审计监督。按照法律和章程制定盈余分配方案，可分配盈余主要按照成员与农民合作社的交易量（额）比例返还（部合作经济司负责）。

二、增强农民合作社服务带动能力

鼓励农民合作社利用当地资源禀赋，带动成员开展连片种植、规模饲养，壮大优势特色产业，培育农业品牌。鼓励农民合作社加强农产品初加工、仓储物流、技术指导、市场营销等关键环节能力建设。鼓励农民合作社延伸产业链条，拓宽服务领域。鼓励农民合作社建设运营农业废弃物、农村厕所粪污、生活垃圾处理和资源化利用设施，参与农村公共基础设施建设和运行管护，参与乡村文化建设（部合作经济司、计财司、乡村产业司、社会事业司、市场司、科教司负责）。

三、促进农民合作社联合与合作

鼓励同业或产业密切关联的农民合作社在自愿前提下，通过兼并、合并等方式进行组织重构和资源整合，壮大一批竞争力强的单体农民合作社。支持农民合作社依法自愿组建联合社，扩大合作规模，提升合作层次，增强市场竞争力和抗风险能力（部合作经济司负责）。

四、加强试点示范引领

深入开展农民合作社质量提升整县推进试点，发展壮大单体农民合作社、培育发展农民合作社联合社、提升县域指导扶持服务水平。持续开展示范社评定，建立示范社名录，推进国家、省、市、县级示范社四级联创。认真总结各地整县推进农民合作社质量提升和示范社创建的经验做法，推介一批制度健全、运行规范的农民合作社典型案例（部合作经济司负责）。

专栏 2　农民合作社能力提升工程

（一）农民合作社服务能力提升

支持制度健全、管理规范、带动力强的县级以上示范社和联合社应用先进技术，提升绿色化标准化生产能力，建设分拣包装、冷藏保鲜、烘干、初加工等设施，开展绿色食品、有机农产品认证，发展地理标志农产品，提高产品质量水平和市场竞争力（部合作经济司、监管司、计财司负责）。

（二）国家示范社管理信息系统建设

完善国家农民合作社示范社评定和监测指标，完善国家示范社管理信息系统，重点对国家农民合作社示范社运行进行动态监测（部合作经济司负责）。

第五章　推动农业社会化服务组织多元融合发展

一、加快培育农业社会化服务组织

按照主体多元、形式多样、服务专业、竞争充分的原则，加快培育各类服务组织，充分发挥不同服务主体各自的优势和功能。支持农村集体经济组织通过发展农业生产性服务，发挥其统一经营功能；鼓励农民合作社向成员提供各类生产经营服务，发挥其服务成员、引领农民对接市场的纽带作用；引导龙头企业通过基地建设和订单方式为农户提供全程服务，发挥其服务带动作用；支持各类专业服务公司发展，发挥其服务模式成熟、服务机制灵活、服务水平较高的优势（部合作经济司、乡村产业司负责）。

二、推动服务组织联合融合发展

鼓励各类服务组织加强联合合作，推动服务链条横向拓展、纵向延伸，促进各主体多元互动、功能互补、融合发展。引导各类服务主体围绕同一产业或同一产品的生产，以资金、技术、服务等要素为纽带，积极发展服务联合体、服务联盟等新型组织形式，打造一体化的服务组织体系。支持各类服务主体与新型农业经营主体开展多种形式的合作与联合，建立紧密的利益联结和分享机制，壮大农村一二三产业融合主体。引导各类服务主体积极与高等学校、职业院校、科研院所开展科研和人才合作，鼓励银行、保险、邮政等机构与服务主体深度合作（部合作经济司负责）。

三、加快推进农业生产托管服务

适应不同地区、不同产业农户和新型农业经营主体的农业作业环节需求，发展单环节托管、多环节托管、关键环节综合托管和全程托管等多种托管模式。支持专业服务公司、供销合作社专业化服务组织、服务型农民合作社、农村集体经济组织等服务主体，重点面向从事粮棉油糖等大宗农产品生产的小农户以及新型农业经营主体开展托管服务，促进服务主体服务能力和条件提升。鼓励各地因地制宜选择本地优先支持的托管作业环节，按照相关作业环节市场价格的一定比例给予服务补助，通过价格手段推动财政资金效用传递到服务对象，不断提升农业生产托管对小农户服务的覆盖率（部合作经济司负责）。

四、推动社会化服务规范发展

加强农业生产性服务行业管理，切实保护小农户利益。加快推进服务标准建设，鼓励有关部门、单位和服务组织、行业协会、标准协会研究制定符合当地实际的服务标准和服务规范。加强服务组织动态监测，支持地方探索建立社会化服务组织名录库，推动服务组织信用记录纳入全国信用信息共享平台。建立服务主体信用评价机制和托管服务主体名录管理制度，对于纳入名录管理、服务能力强、服务效果好的组织，予以重点扶持。加强服务价格指导，坚持服务价格由市场确定原则，引导服务组织合理确定各作业服务环节价格。加强服务合同监管，加强合同签订指导与管理，积极发挥合同监管在规范服务行为、确保服务质量等方面的重要作用。加快制定标准格式合同，规范服务行为，确保服务质量，保障农户利益（部合作经济司负责）。

> **专栏3　农业社会化服务组织创新提升工程**
>
> （一）小农户生产托管服务促进工程
>
> 全国范围内，每年选取一定数量基础好、工作积极性高、条件扎实、粮棉油糖等重要农产品保障供给能力突出的农业大县（区、市），开展小农户生产托管服务推广试点工作，引导小农户积极接受农业生产托管服务（部合作经济司负责）。
>
> （二）全国农业生产托管服务组织数据库建设
>
> 建设全国农业生产托管服务组织信息数据库，下设各省服务组织信息数据端口，实现全国服务组织发展信息共享。数据系统包括全国农业生产托管服务组织基本情况、服务面积、服务标准、服务价格等基础信息模块，形成集信息采集、分析、预测等功能的数据运行管理体系（部合作经济司负责）。
>
> （三）区域性农业生产性服务平台建设
>
> 一是建设区域性农业生产性服务示范中心。选择农业生产性服务发展水平高、基础扎实、体系健全的农业大县（区、市），建设区域性农业生产性服务示范中心，为各类主体提供信息服务、农机作业与维修、农产品初加工、集中育秧、农资销售等生产性服务。二是建设农业生产托管服务站。以规模适度、服务半径适宜、方便农户和农业生产为原则，围绕区域性农业生产性服务中心，建设农业生产托管服务站，为小农户和新型农业经营主体提供耕、种、防、收等各环节"菜单式"托管服务（部合作经济司负责）。

第六章　全面提升新型农业经营主体和服务主体经营者素质

一、广泛开展培训

加大新型农业经营主体和服务主体经营者培训力度，坚持面向产业、融入产业、服务产业，着力建机制、定规范、抓考核，强化农民教育培训体系，实施好新型农业经营主体带头人、返乡入乡创新创业者等分类培育计划，加强统筹指导各地各部门培训计划，大力开展家庭农场经营者轮训，分期分批开展农民合作社骨干培训，加大农业社会化服务组织负责人培训力度。积极探索高素质农民培育衔接学历提升教育。鼓励各地通过补贴学费等方式，支持涉农职业院校等教育培训机构和各类社会组织，依托新型农业经营主体和服务主体建设实习实训基地，做好农村各类高素质人才示范培训与轮训。支持各类教育培训机构加强高水平"双师型"教师队伍建设，充实教学设施设备，改善办学条件，完善信息化教学手段，加强基地建设，支持各地重点建设产教融合实训基地、创业孵化基地和农民田间学校等（部科教司等有关司局负责）。

二、大力发展农业职业教育

加快改革农科专业体系、课程体系、教材体系，科学设计教学模式、考试评价模式，推动农业职业教育更好地服务产业发展，科学布局中等职业教育、高等职业教育、应用型本科和高端技能型专业学位研究生等人才培养的规格、梯次和结构。以打通和拓宽各级各类技术技能人才的成长空间和发展通道为重点，构建体现终身教育理念、满足农民群众接受教育的需求、满足"三农"发展对技术技能人才需求的现代农业职业教育体系（部科教司负责）。

三、着力提升科学素质

加强农村科普，健全和完善县乡科学技术推广普及网络，大力推动农村科普出版物发行，增加农民买得起、读得懂、用得上的通俗读物的品种和数量。积极探索利用各类新媒体传播渠道，通过动画、短视频等农民喜闻乐见的形式，广泛宣传农业生产应用技能和成功经验。加强农村科普活动场所和科普阵地建设，在农村建设一批较高水平的科普教育基地和科普实验基地。加强农技推广和公共服务人才队伍建设，支持农技人员在职研修，优化知识结构，增强专业技能，引导鼓励农科毕业生到基层开展农技推广服务（部科教司负责）。

专栏4　新型农业经营主体和服务主体经营者教育培训工程

依托高素质农民培育、学历提升、信息化建设等工程，开展新型农业经营主体带头人培训、返乡入乡创新创业者、农业经理人培养等分类培训计划，加快培育高素质农民队伍。深入推进农村实用人才带头人素质提升计划，通过专家授课、现场教学、交流研讨等，加强对家庭农场经营者、农民合作社带头人、产业发展带头人、大学生村官等主体的指导，提升增收致富本领和示范带动能力。依托涉农职业院校，采取农学结合、弹性学制、送教下乡等形式，开展农民中高等职业教育等学历教育，有效提升新型农业经营主体和服务主体经营者队伍综合素质和学历水平（部科教司、人事司、计财司负责）。

第七章　完善支持政策

一、加强财政投入

各级农业农村部门要积极争取将新型农业经营主体和服务主体纳入财政

优先支持范畴，加大投入力度。统筹整合资金，综合采用政府购买服务、以奖代补、先建后补等方式，加大对新型农业经营主体和服务主体的支持力度，推动由新型农业经营主体和服务主体作为各级财政支持的各类小型项目建设管护主体。鼓励有条件的新型农业经营主体和服务主体参与实施高标准农田建设、农技推广、现代农业产业园等涉农项目。农机购置补贴等政策加大对新型农业经营主体和服务主体的支持力度。积极争取新型农业经营主体和服务主体有关税收优惠政策（部计财司、政策改革司、合作经济司、规划司、科教司、农机化司、农田建设司负责）。

二、创新金融保险服务

鼓励各金融机构结合职能定位和业务范围，对新型农业经营主体和服务主体提供资金支持。鼓励地方搭建投融资担保平台，引导和动员各类社会力量参与新型农业经营主体和服务主体培育工作。推动农业信贷担保体系创新开发针对新型农业经营主体和服务主体的担保产品，加大担保服务力度，着力解决融资难、融资贵问题。鼓励发展新型农村合作金融，稳步开展农民合作社内部信用合作试点。推动建立健全农业保险体系，探索从覆盖直接物化成本逐步实现覆盖完全成本。推动开展中央财政对地方优势特色农产品保险奖补试点。鼓励地方建立针对新型农业经营主体和服务主体的特色优势农产品保险制度，发展农业互助保险。鼓励各地探索开展产量保险、气象指数保险、农产品价格和收入保险等保险责任广、保障水平高的农业保险品种，满足新型农业经营主体和服务主体多层次、多样化风险保障需求（部计财司、政策改革司、合作经济司负责）。

三、推动用地政策落实

积极推动落实设施农业用地政策，保障新型农业经营主体和服务主体合理用地需求。在国土空间规划批准实施前，须在符合土地利用总体规划的前提下，推动各地通过调整优化村庄用地布局、有效利用存量建设用地等支持新型农业经营主体和服务主体发展（部农田建设司、种植业司、畜牧兽医局、渔业渔政局、乡村产业司、政策改革司、合作经济司按职责分工负责）。

四、强化人才支撑

鼓励返乡下乡人员领办创办新型农业经营主体和服务主体，鼓励支持各类人才到新型农业经营主体和服务主体工作。鼓励各地通过政府购买服务方式，委托专业机构或专业人才为新型农业经营主体和服务主体提供政策咨询、生产控制、财务管理、技术指导、信息统计等服务。推动普通高校和涉农职业院校设立相关专业或专门课程，为新型农业经营主体和服务主体培养专业人才。鼓励各地开展新型农业经营主体和服务主体国际交流合作（部科教司、乡村产业司、政策改革司、合作经济司负责）。

五、提升数字技术应用水平

按照实施数字乡村战略和数字农业农村发展规划的总体部署，以数字技术与农业农村经济深度融合为主攻方向，加快农业农村生产经营、管理服务数字化改造，全面提升农业农村生产智能化、经营网络化、管理高效化、服务便捷化水平，用数字化驱动新型农业经营主体和服务主体高质量发展。鼓励各地利用新型农业经营主体信息直报系统，推进相关涉农信息数据整合和共享，运用互联网和大数据信息技术，为新型农业经营主体和服务主体有效对接信贷、保险等提供服务。鼓励返乡入乡人员利用数字技术创新创业（部政策改革司、规划司、市场司、合作经济司、计财司、乡村产业司按职责分工负责）。

第八章　强化保障措施

一、落实部门责任，加强组织领导

各级农业农村部门要站在农业农村发展全局的高度，加强组织领导，强化部门配合，统筹指导、协调、推动新型农业经营主体和服务主体的建设和发展。要强化指导服务，深入调查研究，加强形势分析，组织动员社会力量支持新型农业经营主体和服务主体发展，及时解决各类主体发展面临的困难和问题（部政策改革司、合作经济司按职责分工负责）。

二、加强农经体系建设，强化工作力量

鼓励各地采取安排专兼职人员、招收大学生村官、建立辅导员制度等多种途径，充实基层经营管理工作力量，保障必要工作条件，确保支持新型农业经营主体和服务主体发展的各项工作抓细抓实。要加强培训和继续教育，努力打造一支学习型、创新型农村经营管理干部队伍。要加强县级对乡镇农村经营管理工作的指导、督促和检查，明确目标任务，提高工作绩效（部合作经济司、政策改革司按职责分工负责）。

三、强化监督管理，确保发展成效

将带动小农户数量和与小农户利益联结程度，作为支持新型农业经营主体和服务主体的重要依据，更好促进小农户和现代农业发展有机衔接。将培育新型农业经营主体和服务主体政策落实情况纳入农业农村部门工作绩效考核，建立科学的绩效评估监督机制。进一步建立健全新型农业经营主体和服务主体统计调查、监测分析等制度（部政策改革司、合作经济司、计财司按职责分工

负责)。

四、加大宣传力度，营造良好氛围

动员各方力量，加快营造农民主体、政府引导、社会参与的推动发展格局。创新宣传形式，充分发挥新兴媒体和传统媒体作用，广泛宣传各地好经验、好做法，重点宣传一批可学可看可复制的典型案例，充分调动社会各界支持新型农业经营主体和服务主体发展的积极性（部政策改革司、合作经济司、办公厅按职责分工负责）。

国务院关于开展农村承包土地的经营权和农民住房财产权抵押贷款试点的指导意见

国发〔2015〕45号

各省、自治区、直辖市人民政府,国务院各部委、各直属机构:

为进一步深化农村金融改革创新,加大对"三农"的金融支持力度,引导农村土地经营权有序流转,慎重稳妥推进农民住房财产权抵押、担保、转让试点,做好农村承包土地(指耕地)的经营权和农民住房财产权(以下统称"两权")抵押贷款试点工作,现提出以下意见。

一、总体要求

(一)指导思想。

全面贯彻党的十八大和十八届三中、四中全会精神,深入落实党中央、国务院决策部署,按照所有权、承包权、经营权三权分置和经营权流转有关要求,以落实农村土地的用益物权、赋予农民更多财产权利为出发点,深化农村金融改革创新,稳妥有序开展"两权"抵押贷款业务,有效盘活农村资源、资金、资产,增加农业生产中长期和规模化经营的资金投入,为稳步推进农村土地制度改革提供经验和模式,促进农民增收致富和农业现代化加快发展。

(二)基本原则。

一是依法有序。"两权"抵押贷款试点要坚持于法有据,遵守土地管理法、城市房地产管理法等有关法律法规和政策要求,先在批准范围内开展,待试点积累经验后再稳步推广。涉及被突破的相关法律条款,应提请全国人大常委会授权在试点地区暂停执行。

二是自主自愿。切实尊重农民意愿,"两权"抵押贷款由农户等农业经营主体自愿申请,确保农民群众成为真正的知情者、参与者和受益者。流转土地的经营权抵押需经承包农户同意,抵押仅限于流转期内的收益。金融机构要在财务可持续基础上,按照有关规定自主开展"两权"抵押贷款业务。

三是稳妥推进。在维护农民合法权益前提下,妥善处理好农民、农村集体经济组织、金融机构、政府之间的关系，慎重稳妥推进农村承包土地的经营权抵押贷款试点和农民住房财产权抵押、担保、转让试点工作。

四是风险可控。坚守土地公有制性质不改变、耕地红线不突破、农民利益不受损的底线。完善试点地区确权登记颁证、流转平台搭建、风险补偿和抵押物处置机制等配套政策，防范、控制和化解风险，确保试点工作顺利平稳实施。

二、试点任务

（一）**赋予"两权"抵押融资功能，维护农民土地权益。** 在防范风险、遵守有关法律法规和农村土地制度改革等政策基础上，稳妥有序开展"两权"抵押贷款试点。加强制度建设，引导和督促金融机构始终把维护好、实现好、发展好农民土地权益作为改革试点的出发点和落脚点，落实"两权"抵押融资功能，明确贷款对象、贷款用途、产品设计、抵押价值评估、抵押物处置等业务要点，盘活农民土地用益物权的财产属性，加大金融对"三农"的支持力度。

（二）**推进农村金融产品和服务方式创新，加强农村金融服务。** 金融机构要结合"两权"的权能属性，在贷款利率、期限、额度、担保、风险控制等方面加大创新支持力度，简化贷款管理流程，扎实推进"两权"抵押贷款业务，切实满足农户等农业经营主体对金融服务的有效需求。鼓励金融机构在农村承包土地的经营权剩余使用期限内发放中长期贷款，有效增加农业生产的中长期信贷投入。鼓励对经营规模适度的农业经营主体发放贷款。

（三）**建立抵押物处置机制，做好风险保障。** 因借款人不履行到期债务或者发生当事人约定的情形需要实现抵押权时，允许金融机构在保证农户承包权和基本住房权利前提下，依法采取多种方式处置抵押物。完善抵押物处置措施，确保当借款人不履行到期债务或者发生当事人约定的情形时，承贷银行能顺利实现抵押权。农民住房财产权（含宅基地使用权）抵押贷款的抵押物处置应与商品住房制定差别化规定。探索农民住房财产权抵押担保中宅基地权益的实现方式和途径，保障抵押权人合法权益。对农民住房财产权抵押贷款的抵押物处置，受让人原则上应限制在相关法律法规和国务院规定的范围内。

（四）**完善配套措施，提供基础支撑。** 试点地区要加快推进农村土地承包经营权、宅基地使用权和农民住房所有权确权登记颁证，探索对通过流转取得的农村承包土地的经营权进行确权登记颁证。农民住房财产权设立抵押的，需将宅基地使用权与住房所有权一并抵押。按照党中央、国务院确定的宅基地制度改革试点工作部署，探索建立宅基地使用权有偿转让机制。依托相关主管部门建立完善多级联网的农村土地产权交易平台，建立"两权"抵押、流转、评估的专业化服务机制，支持以各种合法方式流转的农村承包土地的经营权用于抵押。建立健全农村信用体系，有效调动和增强金融机构支农的积极性。

（五）**加大扶持和协调配合力度，增强试点效果**。人民银行要支持金融机构积极稳妥参与试点，对符合条件的农村金融机构加大支农再贷款支持力度。银行业监督管理机构要研究差异化监管政策，合理确定资本充足率、贷款分类等方面的计算规则和激励政策，支持金融机构开展"两权"抵押贷款业务。试点地区要结合实际，采取利息补贴、发展政府支持的担保公司、利用农村土地产权交易平台提供担保、设立风险补偿基金等方式，建立"两权"抵押贷款风险缓释及补偿机制。保险监督管理机构要进一步完善农业保险制度，大力推进农业保险和农民住房保险工作，扩大保险覆盖范围，充分发挥保险的风险保障作用。

三、组织实施

（一）**加强组织领导**。人民银行会同中央农办、发展改革委、财政部、国土资源部、住房城乡建设部、农业部、税务总局、林业局、法制办、银监会、保监会等单位，按职责分工成立农村承包土地的经营权抵押贷款试点工作指导小组和农民住房财产权抵押贷款试点工作指导小组（以下统称指导小组），切实落实党中央、国务院对"两权"抵押贷款试点工作的各项要求，按照本意见指导地方人民政府开展试点，并做好专项统计、跟踪指导、评估总结等相关工作。指导小组办公室设在人民银行。

（二）**选择试点地区**。"两权"抵押贷款试点以县（市、区）行政区域为单位。农村承包土地的经营权抵押贷款试点主要在农村改革试验区、现代农业示范区等农村土地经营权流转较好的地区开展；农民住房财产权抵押贷款试点原则上选择国土资源部牵头确定的宅基地制度改革试点地区开展。省级人民政府按照封闭运行、风险可控原则向指导小组办公室推荐试点县（市、区），经指导小组审定后开展试点。各省（区、市）可根据当地实际，分别或同时申请开展农村承包土地的经营权抵押贷款试点和农民住房财产权抵押贷款试点。

（三）**严格试点条件**。"两权"抵押贷款试点地区应满足以下条件：一是农村土地承包经营权、宅基地使用权和农民住房所有权确权登记颁证率高，农村产权流转交易市场健全，交易行为公开规范，具备较好基础和支撑条件；二是农户土地流转意愿较强，农业适度规模经营势头良好，具备规模经济效益；三是农村信用环境较好，配套政策较为健全。

（四）规范试点运行。人民银行、银监会会同相关单位，根据本意见出台农村承包土地的经营权抵押贷款试点管理办法和农民住房财产权抵押贷款试点管理办法。银行业金融机构根据本意见和金融管理部门制定的"两权"抵押贷款试点管理办法，建立相应的信贷管理制度并制定实施细则。试点地区成立试点工作小组，严格落实试点条件，制定具体实施意见、支持政策，经省级人民政府审核后，送指导小组备案。集体林地经营权抵押贷款和草地经营权抵押贷款业务可参照本意见执行。

（五）做好评估总结。认真总结试点经验，及时提出制定修改相关法律法规、政策的建议，加快推动修改完善相关法律法规。人民银行牵头负责对试点工作进行跟踪、监督和指导，开展年度评估。试点县（市、区）应提交总结报告和政策建议，由省级人民政府送指导小组。指导小组形成全国试点工作报告，提出相关政策建议。全部试点工作于 2017 年底前完成。

（六）取得法律授权。试点涉及突破《中华人民共和国物权法》第一百八十四条、《中华人民共和国担保法》第三十七条等相关法律条款，由国务院按程序提请全国人大常委会授权，允许试点地区在试点期间暂停执行相关法律条款。

国务院

2015 年 8 月 10 日

中国人民银行 中国银行业监督管理委员会 中国保险监督管理委员会 财政部 农业部关于印发 《农村承包土地的经营权抵押贷款试点暂行办法》的通知

银发〔2016〕79号

　　为依法稳妥规范推进农村承包土地的经营权抵押贷款试点，根据《国务院关于开展农村承包土地的经营权和农民住房财产权抵押贷款试点的指导意见》（国发〔2015〕45号）和《全国人大常委会关于授权国务院在北京市大兴区等232个试点县（市、区）、天津市蓟县等59个试点县（市、区）行政区域分别暂时调整实施有关法律规定的决定》精神，现将《农村承包土地的经营权抵押贷款试点暂行办法》（附件1）和《农村承包土地的经营权抵押贷款试点县（市、区）名单》（附件2）印发给你们，请结合实际认真贯彻落实。

　　附件：1. 农村承包土地的经营权抵押贷款试点暂行办法
　　　　　2. 农村承包土地的经营权抵押贷款试点县（市、区）名单

中国人民银行 银监会

保监会 财政部 农业部

2016年3月15日

附件1

农村承包土地的经营权抵押贷款试点暂行办法

第一条 为依法稳妥规范推进农村承包土地的经营权抵押贷款试点，加大金融对"三农"的有效支持，保护借贷当事人合法权益，根据《国务院关于开展农村承包土地的经营权和农民住房财产权抵押贷款试点的指导意见》（国发〔2015〕45号）和《全国人民代表大会常务委员会关于授权国务院在北京市大兴区等232个试点县（市、区）、天津市蓟县等59个试点县（市、区）行政区域分别暂时调整实施有关法律规定的决定》等政策规定，制定本办法。

第二条 本办法所称农村承包土地的经营权抵押贷款，是指以承包土地的经营权作抵押、由银行业金融机构（以下称贷款人）向符合条件的承包方农户或农业经营主体发放的、在约定期限内还本付息的贷款。

第三条 本办法所称试点地区是指《全国人民代表大会常务委员会关于授权国务院在北京市大兴区等232个试点县（市、区）、天津市蓟县等59个试点县（市、区）行政区域分别暂时调整实施有关法律规定的决定》明确授权开展农村承包土地的经营权抵押贷款试点的县（市、区）。

第四条 农村承包土地的经营权抵押贷款试点坚持不改变土地公有制性质、不突破耕地红线、不损害农民利益、不层层下达规模指标。

第五条 符合本办法第六条、第七条规定条件、通过家庭承包方式依法取得土地承包经营权和通过合法流转方式获得承包土地的经营权的农户及农业经营主体（以下称借款人），均可按程序向银行业金融机构申请农村承包土地的经营权抵押贷款。

第六条 通过家庭承包方式取得土地承包经营权的农户以其获得的土地经营权作抵押申请贷款的，应同时符合以下条件：

（一）具有完全民事行为能力，无不良信用记录；

（二）用于抵押的承包土地没有权属争议；

（三）依法拥有县级以上人民政府或政府相关主管部门颁发的土地承包经营权证；

（四）承包方已明确告知发包方承包土地的抵押事宜。

第七条 通过合法流转方式获得承包土地的经营权的农业经营主体申请贷款的，应同时符合以下条件：

（一）具备农业生产经营管理能力，无不良信用记录；

（二）用于抵押的承包土地没有权属争议；

（三）已经与承包方或者经承包方书面委托的组织或个人签订了合法有效的经营权流转合同，或依流转合同取得了土地经营权权属确认证明，并已按合同约定方式支付了土地租金；

（四）承包方同意承包土地的经营权可用于抵押及合法再流转；

（五）承包方已明确告知发包方承包土地的抵押事宜。

第八条　借款人获得的承包土地经营权抵押贷款，应主要用于农业生产经营等贷款人认可的合法用途。

第九条　贷款人应当统筹考虑借款人信用状况、借款需求与偿还能力、承包土地经营权价值及流转方式等因素，合理自主确定承包土地的经营权抵押贷款抵押率和实际贷款额度。鼓励贷款人对诚实守信、有财政贴息或农业保险等增信手段支持的借款人，适当提高贷款抵押率。

第十条　贷款人应参考人民银行公布的同期同档次基准利率，结合借款人的实际情况合理自主确定承包土地的经营权抵押贷款的利率。

第十一条　贷款人应综合考虑承包土地经营权可抵押期限、贷款用途、贷款风险、土地流转期内租金支付方式等因素合理自主确定贷款期限。鼓励贷款人在农村承包土地的经营权剩余使用期限内发放中长期贷款，有效增加农业生产的中长期信贷投入。

第十二条　借贷双方可采取委托第三方评估机构评估、贷款人自评估或者借贷双方协商等方式，公平、公正、客观、合理确定农村土地经营权价值。

第十三条　鼓励贷款人因地制宜，针对借款人需求积极创新信贷产品和服务方式，简化贷款手续，加强贷款风险控制，全面提高贷款服务质量和效率。在承包土地的经营权抵押合同约定的贷款利率之外不得另外或变相增加其他借款费用。

第十四条　借贷双方要按试点地区规定，在试点地区农业主管部门或试点地区政府授权的农村产权流转交易平台办理承包土地的经营权抵押登记。受理抵押登记的部门应当对用于抵押的承包土地的经营权权属进行审核、公示。

第十五条　因借款人不履行到期债务，或者按借贷双方约定的情形需要依法行使抵押权的，贷款人可依法采取贷款重组、按序清偿、协议转让、交易平台挂牌再流转等多种方式处置抵押物，抵押物处置收益应由贷款人优先受偿。

第十六条　试点地区政府要依托公共资源管理平台，推进建立县（区）、乡（镇、街道）等多级联网的农村产权流转交易平台，建立承包土地的经营权抵押、流转、评估和处置的专业化服务机制，完善承包土地的经营权价值评估体系，推动承包土地的经营权流转交易公开、公正、规范运行。

第十七条　试点地区政府要加快推进行政辖区内农村土地承包经营权确权登记颁证，鼓励探索通过合同鉴证、登记颁证等方式对流转取得的农村承包土地的经营权进行权属确认。

第十八条　鼓励试点地区政府设立农村承包土地的经营权抵押贷款风险补偿基金，用于分担地震、冰雹、严重旱涝等不可抗力造成的贷款损失，或根据地方财力对农村承包土地的经营权抵押贷款给予适当贴息，增强贷款人放贷激励。

第十九条　鼓励试点地区通过政府性担保公司提供担保、农村产权交易平台提供担保等多种方式，为农村承包土地的经营权抵押贷款主体融资增信。

第二十条　试点地区农业主管部门要组织做好流转合同鉴证评估、农村产权交易平台搭建、承包土地的经营权价值评估、抵押物处置等配套工作。

第二十一条　试点地区人民银行分支机构对开展农村承包土地的经营权抵押贷款业务取得良好效果的贷款人加大支农再贷款支持力度。

第二十二条　银行业监督管理机构要统筹研究，合理确定承包土地经营权抵押贷款的风险权重、资本计提、贷款分类等方面的计算规则和激励政策，支持贷款人开展承包土地的经营权抵押贷款业务。

第二十三条　保险监督管理机构要加快完善农业保险政策，积极扩大试点地区农业保险品种和覆盖范围。通过探索开展农村承包土地的经营权抵押贷款保证保险业务等多种方式，为借款人提供增信支持。

第二十四条　各试点地区试点工作小组要加强统筹协调，靠实职责分工，扎实做好辖内试点组织实施、跟踪指导和总结评估。试点期间各省（区、市）年末形成年度试点总结报告，要于每年1月底前（遇节假日顺延）以省级人民政府名义送试点指导小组。

第二十五条　人民银行分支机构会同银行业监督管理机构等部门加强试点监测、业务指导和评估总结。试点县（市、区）应提交季度总结报告和政策建议，由人民银行副省级城市中心支行以上分支机构会同银监局汇总，于季后20个工作日内报送试点指导小组办公室，印送试点指导小组各成员单位。

第二十六条　各银行业金融机构可根据本办法有关规定制定农村承包土地的经营权抵押贷款业务管理制度及实施细则，并抄报人民银行和银行业监督管理机构。

第二十七条 对于以承包土地的经营权为他人贷款提供担保的以及没有承包到户的农村集体土地（指耕地）的经营权用于抵押的，可参照本办法执行。

第二十八条 本办法由人民银行、银监会会同试点指导小组相关成员单位负责解释。

第二十九条 本办法自发布之日起施行。

附件 2

农村承包土地的经营权抵押贷款试点县（市、区）名单

省份　　试点县（市、区）

北京市　大兴区、平谷区

天津市　宝坻区、武清区

河北省　玉田县、邱县、张北县、平乡县、威县、饶阳县

山西省　运城市盐湖区、新绛县、潞城市、太谷县、定襄县、曲沃县

内蒙古自治区　呼伦贝尔市阿荣旗、兴安盟扎赉特旗、开鲁县、锡林郭勒盟镶黄旗、鄂尔多斯市达拉特旗、巴彦淖尔市临河区、赤峰市克什克腾旗、包头市土默特右旗

辽宁省　海城市、东港市、辽阳县、盘山县、昌图县、瓦房店市、沈阳市于洪区

吉林省　榆树市、农安县、永吉县、敦化市、梨树县、柳河县、洮南市、东辽县、前郭县、抚松县、梅河口市、公主岭市、珲春市、龙井市、延吉市

黑龙江省　克山县、方正县、讷河市、延寿县、五常市、哈尔滨市呼兰区、桦川县、克东县、富锦市、汤原县、兰西县、庆安县、密山市、绥滨县、宝清县

江苏省　东海县、泗洪县、沛县、金湖县、泰州市姜堰区、太仓市、如皋市、东台市、无锡市惠山区、南京市高淳区

浙江省　龙泉市、长兴县、海盐县、慈溪市、温岭市、衢州市衢江区、缙云县、嵊州市、嘉善县、德清县

安徽省　宿州市埇桥区、金寨县、铜陵县、庐江县、阜阳市颍泉区、黄山市黄山区、定远县、涡阳县、宿松县、凤台县

福建省　漳浦县、建瓯市、沙县、仙游县、福清市、武平县、永春县、屏南县、邵武市、古田县

江西省　安义县、乐平市、铜鼓县、修水县、金溪县、新干县、信丰县、吉安县、贵溪市、赣县

山东省　东营市河口区、青州市、平度市、沂南县、武城县、枣庄市台儿庄区、沂源县、寿光市、莘县、乐陵市

河南省　长垣县、安阳县、宝丰县、邓州市、济源市、长葛市、遂平县、

固始县、浚县

湖北省　钟祥市、武汉市黄陂区、宜昌市夷陵区、鄂州市梁子湖区、随县、南漳县、大冶市、公安县、武穴市、云梦县

湖南省　汉寿县、岳阳县、新田县、桃江县、洞口县、沅陵县、慈利县、双峰县

广东省　蕉岭县、阳山县、德庆县、郁南县、廉江市、罗定市、英德市

广西壮族自治区　田阳县、田东县、玉林市玉州区、来宾市象州县、南宁市武鸣区、东兴市、北流市、兴业县

海南省　东方市、屯昌县、文昌市

重庆市　永川区、梁平县、潼南区、荣昌区、忠县、铜梁区、南川区、巴南区、武隆县、秀山县

四川省　成都市温江区、崇州市、眉山市彭山区、内江市市中区、蓬溪县、西充县、巴中市巴州区、武胜县、井研县、苍溪县

贵州省　德江县、水城县、湄潭县、兴仁县、盘县、普定县、安龙县、开阳县、六盘水市六枝特区

云南省　开远市、砚山县、剑川县、鲁甸县、景谷县、富民县

西藏自治区　曲水县、米林县

陕西省　杨陵区、平利县、西安市高陵区、富平县、千阳县、南郑县、宜川县、铜川市耀州区

甘肃省　西和县、金昌市金川区、武威市凉州区、陇西县、临夏县、金塔县

青海省　大通县、互助县、门源县、海晏县、海东市乐都区

宁夏回族自治区　平罗县、中卫市沙坡头区、同心县、永宁县、贺兰县

新疆维吾尔族自治区　呼图壁县、沙湾县、博乐市、阿克苏市、克拉玛依市克拉玛依区

附录3　中国家庭农场发展报告

中国家庭农场发展报告（2018 年）

——北京家庭农场发展情况

2017 年，北京市认真贯彻落实"中央一号文件"，按照原农业部《关于促进家庭农场发展的指导意见》要求，积极开展家庭农场培育工作。

一、深入挖掘现状，夯实发展基石

结合北京市农业发展实际，以家庭农场发展遇到的问题为导向，深入全面了解北京市家庭农场发展情况，2017 年年初开展了北京市家庭农场发展情况调查。通过调查，初步摸清了北京家庭农场发展的现状。调查主要针对 10 个远郊区开展，共上报 207 家家庭农场。从事的产业主要为畜禽类养殖、鲜果种植、蔬菜种植等；从收入情况看，年均农业生产净收入约为 18.26 万元，收入较高的产业为畜禽养殖、鲜果、蔬菜、规模经营的大田种植。从人均收入看，有近 30% 的家庭农场的人均可支配收入未达到全市平均水平（20 569元），该部分家庭从事产业主要为药材种植、板栗、不成规模的大田种植等；从经营规模分析看，207 家家庭农场种植业面积约为 7 397 亩，年生猪出栏量约为 2.8 万头，肉鸡约为 15 万只，蛋鸡约为 2.5 万只，渔业养殖面积约为 300亩，近半数家庭农场主拥有多台农机具。

二、多方寻求合作，探索发展模式

2017 年，北京市深入贯彻落实中办、国办下发的《关于引导农村土地经营权有序流转发展农业适度规模经营的意见》（中办发〔2014〕61 号）、市委、市政府《关于调结构转方式发展高效节水农业的意见》（京发〔2014〕16 号）精神，做好家庭农场的培育和发展工作，市农委与市农经办、市农科院及相关区多次召开座谈会，探讨北京家庭农场发展的现状、存在的问题及未来发展的方向。市经办还开展了确权确地农户土地流转意向问卷调查，通过分析归纳，逐区分析在发展家庭农场中遇到的瓶颈，形成工作推进方案和细化工作任务，切实推进工作的开展。

各区积极推进家庭农场的发展工作，踊跃参加原农业部组织的家庭农场培训班，认真组织做好监测数据采集等工作。通州、房山、大兴、昌平等依照本区实际，制定相应的办法，细化推进步骤，确保工作落到实处。

三、总结试点经验，指导各区发展

指导各郊区按照农业农村部总体要求，结合本地区实际开展家庭农场试点培育。各区积极探索专业大户经营模式、家庭农场（果园）经营模式、合作社经营模式、企业（公司）经营模式等土地集中型规模经营，通过土地流转、入股和地块互换、归并等方式，提高单一经营主体土地经营规模和连片水平。

2017年，北京市农委继续推进通州区潞县镇黄厂铺村家庭农场试点。探索建立土地流转价格形成机制、家庭农场准入和退出机制、老年农民退养机制三项机制，由村集体经济组织作为中介方，将耕地流转集中，划定成方连片的若干地块，通过民主程序择优选择家庭农场经营者。试点区域1 362亩，村集体将试点区域划分为8个地块，其中面积最大地块209亩、最小124亩，从本村招募8户农户经营家庭农场。试点实施两年多来，初步成效良好：原有一百多户承包地间的田埂夷平，亩均增加一分可耕种土地；土地平整后可实施平播，大机器收割可多收20%并用于青储玉米；实现长期稳定的规模经营后，经营者增加投入，进行节水改造，进一步节水10%以上。

2017年将中央财政支持家庭农场建设资金45万元，分别奖补房山、大兴、昌平3个区15户家庭农场，支持发展生态农业、品牌农业，支持多渠道推进农产品营销等。

四、发展中存在的问题

一是土地流转价格居高不下。北京由于其特殊的地位及农民对于土地预料价格的过高预期，2016年全市土地流转金平均1 607元/亩，发展较早对家庭农场土地流转价格较低，他们在经营过程中还具有优势。到2028年二轮承包期满后，规模经营的成本压力骤涨，必然倒逼家庭农场退出。二是家庭经营规模小，平原、山区土地碎片化严重。据调查全市415万亩商权地中，10亩以下的地块占55.3%，单休规模只有4亩，低于户均7亩的全国平均水平。土地碎片化严重，发展家庭农场受到了土地来源的制约。三是劳动力老龄化，家庭农场缺少接班人。传统的专业大户大部分已经 60 岁左右，他们的子女都在城里有比较稳定的工资性收入，尽管他们有继续经营的意愿，但是后继无人的事实难以回避。

2018 年，北京市将以党的十九大精神为统领，深入贯彻落实大会精神，推进适度规模经营，积极培育家庭农场的发展。针对北京区域发展不均衡、传统种植业效益低、经营者老龄化等制约发展问题，梳理思路，推进工作。

第一，严格土地用途，推进适度规模发展。按照中央及市委、市政府相关要求，结合北京市永久基本农田划定，尽快调整北京市种植结构，严格规范土地用途，调整产业结构，转变发展方式，积极培育家庭农场等多种形式的适度规模经营模式。引导农地流转价格，有效控制流转速度和规模。推动集体农地向新型经营主体集中，提高土地效益。

第二，扩大服务规模，提升规模经营效益。通过扩大社会化服务规模的方式，提升规模经营效益。以粮食种植为主，适当兼顾蔬菜和鲜果种植，推进土地流转、入股和地块互换、归并等方式，推进专业大户经营模式、家庭农场（果园）经营模式、合作社经营模式、企业（公司）经营模式，提高单一经营主体土地经营规模和连片水平。

第三，探索多渠道发展，提升农户增收。积极探索小农户和现代农业发展有机衔接，多渠道提升家庭农场主的规模经营效益，向管理要效益，向科技要效益，向品牌要效益。以现代农业产业园、田园综合体为抓手，探索家庭农场、专业大户与现代农业发展的有机结合，促进农村三大产业整合发展，拓宽经营者增收渠道。

中国家庭农场发展报告（2019年）

——北京家庭农场发展情况

自 2014 年以来，全市开展了家庭农场试点工作，选定通州区漷县镇黄厂铺村 8 户农户作为家庭农场培育试点单位。现将近 5 年试点情况报告如下。

一、试点开展情况

黄厂铺村是小麦籽种专业生产村，全村共 779 户、2 060 人，农业人口 1 400 人，人均占有土地 2.3 亩。为了增加土地效益，从 2014 年 6 月起，村委会将原来 193 户的 1 362 亩土地流转到 8 户农户从事家庭农场试点经营，每年种植小麦、玉米两茬粮食作物，2018 年年底试点期满。从总体情况分析，黄厂铺村家庭农场生产效率得到进一步提高，科技生产技能和市场环境进一步强化。

家庭农场实行专业化、集约化和标准化生产，土地产出率明显高于全市平均水平，小麦、玉米等粮食亩均产量，与实行家庭农场经营以前相比或者与未实行家庭农场经营的周边同类地区相比均较高，农场主的生产效率、生产经营意识和能力得到明显提升。一是提高了土地利用率。成立家庭农场之前，该村种植形式为 4.2 米畦，小麦、玉米两茬，土地利用率为 85%。成立家庭农场后，改为大平播种植形式，土地利用率提高大约 15%。二是节水效益显著。浇灌方式从畦灌转变为喷灌，灌溉时间缩短 50%，用水量减少 50%。三是提高了农业机械利用率，小麦和玉米的种收均全部实现机械化。四是产出率明显增加。以家庭农场承包人刘卫东为例，经营家庭农场面积为 328.26 亩，每年平均纯收入为 18.9 万元。五是农场主生产经营意识和能力逐步提高。家庭农场促进农场主集中精力发展农业生产，主动参加各类农业技术培训，积极与农科院和推广站专家沟通咨询，农场主还购买了电机、喷灌等设备，采用水肥一体化的方式进行小麦越冬水和春季起身水灌溉，节省了用时、用工和用水量，提高了效益。

二、主要问题

家庭农场试点取得了一定成效，但从全市范围看，发展家庭农场还面临诸多限制因素，推进速度比较慢。一是家庭经营规模小，土地碎片化问题严重。山区地形复杂，土地分配时好坏地搭配，土地碎片化严重；平原地区虽然地势平整，但土地流转费高，尚未流转的土地不多，具备集中连片条件的土地更少。二是土地流转价格上涨较快，导致家庭农场利润下降，甚至亏损。由于税费改革、百万亩平原造林，引发了土地流转价格较快上涨，2016 年全市平均达到 1 607 元 / 亩，如果没有政府专项补贴政策，家庭农场很难发展。三是劳动力老龄化，家庭农场缺少接班人。传统专业大户的劳动力大部分年龄为 60 岁左右，且其后代很少子承父业。

三、下一步工作安排

（一）总结经验，继续培育发展家庭农场

在试点基础上，进一步总结经验，创造条件，培育和发展家庭农场。一是结合造林工程，培育一批以林下经济为主导产业的家庭农场。二是创新经营方式，支持林业经营大户发展观光休闲产业，提高林下经济经营效益。三是鼓励山区缺乏劳动力的小农户将细碎土地和果园向大户流转，形成适度规模的家庭农场。

（二）研究制定促进家庭农场发展的扶持政策

把发展家庭农场纳入承担农业产业化项目经营主体，在基础设施、金融科技、产业融合、人才培训等方面加大扶持力度，研究制定家庭农场登记注册办法。

（三）鼓励以家庭农场为骨干联合小农户创办农民专业合作社

鼓励新型农业经营主体有效整合农村各类资源，促进一二三产业深度融合发展；鼓励家庭农场探索现代企业管理和连锁经营模式；推动新型农业经营主体品牌建设，重点抓好市场品牌形象塑造和核心竞争力培育，实现高端农产品的优质优价。